Einführung in die komplexe Behandlung von Wechselstromaufgaben

Von

Dr.-Ing. Ludwig Casper

Mit 42 Textabbildungen

Berlin
Verlag von Julius Springer
1929

ISBN 978-3-642-90064-8   ISBN 978-3-642-91921-3 (eBook)
DOI 10.1007/ 978-3-642-91921-3

Alle Rechte, insbesondere das der Übersetzung
in fremde Sprachen, vorbehalten.
Copyright 1929 by Julius Springer in Berlin.
Softcover reprint of the hardcover 1st edition 1929

Vorwort.

Lehrbücher, in welchen die komplexe Methode zur Behandlung von Wechselstromproblemen auseinandergesetzt wird, gibt es bereits mehrere. Dieselben setzen aber zumeist schon gewisse Vorkenntnisse im komplexen Rechnen aus der Mathematik voraus; zum Teil basieren sie auf der Verwendung der Exponentialfunktion und der Exponentialreihe mit komplexem Argument, deren Differentiation und Integration in einwandfreier Weise aber nur mit funktionentheoretischen Hilfsmitteln begründet werden kann.

Das vorliegende Lehrbuch leitet die Regeln der komplexen Rechnung, soweit diese benötigt werden, selbst ab. Trotz des sehr elementaren Standpunktes, der eingenommen ist, dürfte die mathematische Darstellung in jeder Hinsicht korrekt und nicht dogmatisch sein. Aus der Wechselstromtechnik werden nur die einfachsten Grundbegriffe als bekannt angenommen, wie der Begriff der sinusförmigen Wechselstromgröße, des Ohmschen Widerstandes, der Induktivität und der Kapazität. Der Abschnitt I bringt eine kurze aber vollständige Übersicht über die Zeitvektoren und deren Zusammensetzung zu Vektordiagrammen. Im Anschluß an diese Geometrie der Zeitvektoren führt der Abschnitt II in die komplexe Behandlung der Vektordiagramme ein. Es wurde dabei ganz besonderer Wert darauf gelegt, klar herauszuarbeiten, warum einerseits j als reines vektorielles Symbol anzusehen ist, andererseits aber für die Zwischenrechnungen j^2 gleich -1 gesetzt werden kann. Wie es sich oft zeigt, macht gerade diese Tatsache dem Lernenden, der eine gute mathematische Urteilskraft, aber wenig mathematische Erfahrung besitzt, viele prinzipielle Schwierigkeiten.

Die benutzten mathematischen Hilfsmittel sind auf ein Minimum reduziert. Die Sinusfunktion und die Kosinusfunktion für reelles Argument sowie deren erster Differentialquotient ist alles, was benötigt wird. Die behandelten Beispiele zeigen aber, daß dieses Maßhalten an mathematischen Hilfsmitteln keine Einschränkung in der Auswahl der Aufgaben mit sich bringt.

Der Abschnitt III behandelt die Kettenleiter besonders ausführlich, vor allem die Spulen- und die Kondensatorsiebkette. Das Studium der Kettenleiter bietet auf der einen Seite dem Lernenden reichliche Gelegenheit zur Einübung in die Materie, auf der anderen Seite illustriert es in überzeugender Weise die Überlegenheit der komplexen Methode. Außerdem haben Siebketten in letzter Zeit Eingang auch in der Starkstromtechnik bei Generatorschutzschaltungen gefunden. Die übliche Benutzung von hyperbolischen Funktionen mit komplexem Argument, welche viele abschreckt, wurde vermieden ohne Beeinträchtigung der Ergebnisse. So werden Ungleichungen aufgestellt, welche die Wirkungsweise der Siebketten eindringlich klarlegen und die Siebwirkung einer Kette leicht abzuschätzen gestatten.

Für die Auffindung von Vektoren-Ortskurven wird ein allgemeines Verfahren angegeben, das dem geometrischen Verfahren mit wiederholten Inversionen sicher überlegen ist. Außer dem Anwendungsbeispiel des asynchronen Drehstrommotors im 15. Kapitel gibt die Aufgabe 12 im Abschnitt IV die Anwendung des Verfahrens auf einen Repulsionsmotor mit Ankererregung, wobei sich, wie bekannt, die Ortskurve für den Stromvektor als eine Parabel und für den Spannungsvektor als eine Kurve vierter Ordnung erweist.

Allen denen, die sich mit der komplexen Symbolik der Wechselstromtechnik gründlich vertraut machen wollen, möge das Buch mit seinem elementaren aber doch korrekten Standpunkt ein zuverlässiger und sicherer Führer sein.

Berlin, im Juli 1929.

L. Casper.

Inhaltsverzeichnis.

	Seite
I. Geometrie der Zeitvektoren	1
1. Vorbemerkungen	1
2. Definition der Zeitvektoren	1
3. Addition von Zeitvektoren	3
4. Vektordiagramme. Beispiele	6
II. Rechnerische Behandlung der Zeitvektoren	17
5. Definition des komplexen Symboles. Sätze und Regeln	17
6. Einfache Vektorgleichungen	28
7. Allgemeine Folgerungen	34
8. Ersatzschaltung für eine Leitung mit verteilter Kapazität, Induktivität und Ohmschen Widerstand	39
9. Verschiedene Kunstschaltungen	43
10. Zusammengesetzte Stromkreise. Allgemeine Bemerkungen	47
11. Einfache Beispiele von zusammengesetzten Stromkreisen	51
12. Brückenschaltungen für Meßzwecke	55
13. Geometrische Örter	61
14. Übungsbeispiele über geometrische Örter	68
15. Vektorgleichungen des asynchronen Drehstrommotors. Ortskurve	70
III. Kettenleiter	75
16. Trigonometrische Form des Operators	75
17. Spulensiebkette	76
18. Zahlenbeispiel zur Spulensiebkette	89
19. Der allgemeine Kettenleiter	94
20. Ersatzschaltung für Isolatorenketten	103
21. Kondensatorsiebkette	105
IV. Verschiedene Aufgaben	112
Zum 6. Kapitel	112
Zum 8. Kapitel	114
Zum 10. Kapitel	116
Zum 12. Kapitel	117
Zum 13. Kapitel	118

I. Geometrie der Zeitvektoren.

1. Vorbemerkungen.

Die komplexe Rechenmethode mit Zeitvektoren hat zur Aufgabe, die Beziehungen zwischen Wechselströmen und Wechselspannungen, welche mit der Zeit rein sinusförmig verlaufen, hinsichtlich Amplituden und Phasenwinkeln rechnerisch in der einfachsten Weise zu erfassen.

In fast allen Fällen ist die Aufgabenstellung die, daß eine zeitlich sinusförmige Wechselspannung, die Klemmenspannung, gegeben ist. Die Elemente der elektrischen Stromkreise, wie Ohmsche Widerstände, Induktivitäten und Kapazitäten, werden als konstant vorausgesetzt, d. h. unabhängig von dem Momentanwert der durch sie hindurchgehenden Ströme. Zur Lösung der Aufgabe nimmt man zunächst an, daß die Ströme und übrigen Spannungen, welche ermittelt werden sollen, ebenfalls zeitlich sinusförmigen Charakter und gleiche Frequenz haben. Es gelingt dann stets, mit Hilfe der noch abzuleitenden Regeln sämtliche Stromgleichungen und Spannungsgleichungen, welche die Problemstellung formulieren, zu befriedigen. Die Aufgabe ist damit gelöst und die Annahme, welche über den zeitlichen Charakter der Ströme und Spannungen sowie deren Frequenz gemacht wurde, hinterher gerechtfertigt.

Die komplexe Rechnungsweise gründet sich in der hier gegebenen Darstellung auf die Lehre von den Zeitvektoren. Es ist daher angebracht, zunächst eine kurze, aber vollständige Übersicht über diese zu geben, wobei aber die Grundbegriffe und Grundlehren der Wechselstromtechnik als bekannt vorausgesetzt werden müssen.

2. Definition der Zeitvektoren.

Jede zeitlich sinusförmig verlaufende Wechselstromgröße a, sei sie ein Strom oder eine Spannung, wird dargestellt durch die Gleichung
$$a = A \sin(\omega t + \varphi). \tag{1}$$

Wie bekannt, bezeichnet man die Konstante A, welche gleichzeitig den größtmöglichen Augenblickswert von a vertritt, als Amplitude, den Zeitfaktor ω als Kreisfrequenz und den konstanten Winkel φ als Phasenwinkel. Endlich bedeutet t die Zeit, die zumeist in Sekunden gezählt wird.

Ändert sich der Zeitwinkel ωt um 2π oder ein ganzes Vielfaches dieser Größe, so nimmt die Wechselstromgröße a ihren ursprünglichen Wert wieder an. Die Periodendauer oder die Zeit, innerhalb welcher sich alle Zustände der Wechselstromgröße a wiederholen, ist daher $2\pi/\omega$. Die Zahl der Perioden pro Sekunde, die Frequenz ν, wird damit $\omega/2\pi$. Es ist demnach $\omega = 2\pi\nu$.

Der konstante Phasenwinkel φ ist willkürlich und hängt nur von der Wahl des Anfangspunktes der Zeitzählung ab. Seine Einführung wird notwendig, wenn mehr als eine Wechselstromgröße zusammen betrachtet werden sollen. Denn die verschiedenen Wechselstromgrößen werden nicht alle gleichzeitig durch ihren Nullwert hindurchgehen, was der Fall sein müßte, wenn man in Gleichung (1) den Phasenwinkel φ wegließe.

Zur graphischen Veranschaulichung der Wechselstromgröße a sowie zur Erläuterung des Begriffes ihres zugehörigen Zeitvektors diene die untenstehende Abb. 1.

Man mache die Länge $\overline{OP}$ gleich der Amplitude A, den Winkel POQ gleich dem Phasenwinkel φ, den Winkel QOX gleich dem Zeitwinkel ωt. Die Projektion von $\overline{OP}$ auf die Achse OY, künftig die Zeitachse genannt, ist dann gleich

$$\overline{OB} = A \sin(\omega t + \varphi) = a.$$

Rechnet man auf der Zeitachse eine Strecke vom Zentrum O aus nach oben positiv, nach unten negativ, so stellt demnach die Strecke $\overline{OB}$ den Augenblickswert der Wechselstromgröße a dar. Mit gleichmäßig wachsender Zeit nimmt der Zeitwinkel ωt gleichmäßig zu. Es rotiert der Punkt Q, somit auch der Punkt P, weil zwischen beiden der konstante Phasenwinkel φ bleibt, mit gleichförmiger Geschwindigkeit um das Zentrum O herum. In jedem Augenblick gibt die Projektion von P auf die festgehaltene Zeitachse OY den Augenblickswert der betreffenden Wechselstromgröße. Es ist augenscheinlich, daß man von der Vorstellung der Rotation der Punkte Q und P aber auch absehen kann, wenn man nur immer daran denkt, daß der Winkel $QOX = \omega t$ völlig beliebig dem Betrag nach gewählt wird.

Die oben eingeführte gerichtete Strecke OP, die durch ihren Betrag $\overline{OP} = A$ und durch den Winkel $POX = \omega t + \varphi$ charakterisiert ist, bezeichnet man als den Zeitvektor der Wechselstromgröße a. Ein Zeitvektor hat demnach sowohl einen Betrag als auch eine Richtung, genau wie der Geschwindigkeitsvektor oder der Kraftvektor in der Mechanik. Man sagt auch, der Zeitvektor sei eine gerichtete Größe.

Man sieht unmittelbar ein, daß zu einer gegebenen Wechselstromgröße nur ein einziger Zeitvektor möglich ist. Die Zugehörigkeit ist ganz eindeutig, denn zwei Zeitvektoren verschiedener Größe oder verschiedener Richtung können bei der Rotation nicht in jedem Augenblick dieselbe Projektion auf die Zeitachse geben. Ebenso erkennt man,

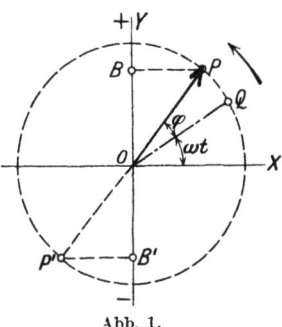

Abb. 1.

wie die Abb. 1 es andeutet, daß zwei Wechselstromgrößen, die in jedem Augenblick absolut gleich sind, aber entgegengesetztes Vorzeichen haben, Zeitvektoren von gleichem Betrag aber entgegengesetzter Richtung besitzen. Dies ist fast selbstverständlich, aber sehr wichtig. Das Ergebnis drückt auch die folgende leicht verständliche Formelreihe aus:

$$a' = -a = -A \sin(\omega t + \varphi) = A \sin[\omega t + (\pi + \varphi)].$$

Die Drehrichtung, in welcher man die Punkte P und Q, also den Zeitvektor rotieren läßt, ist gleichgültig. In diesem Buch ist als Drehrichtung die Drehung entgegengesetzt der Uhrzeigerbewegung gewählt, wie das der Pfeil in Abb. 1 andeutet.

3. Addition von Zeitvektoren.

Es werde von einem elektrischen Stromkreis ein beliebiger Knotenpunkt betrachtet, in den mehrere stromdurchflossene Leiter zusammenstoßen. Dann ist nach einer von Kirchhoff aufgestellten Regel in jedem Augenblick die algebraische Summe der zufließenden Ströme gleich Null.

Ebenso seien mehrere spannungserzeugende Stromkreiselemente in Reihe geschaltet. Dann ist nach einer zweiten von Kirchhoff aufgestellten Regel, die im folgenden zur besseren Unterscheidung und aus einem anderen naheliegenden Grunde als Ohmsches Gesetz bezeichnet wird, die Spannung zwischen den Enden der Serienschaltung in jedem Augenblick gleich der algebraischen Summe der in den einzelnen Stromkreiselementen erzeugten Spannungen.

Nach der Kirchhoffschen Regel und dem Ohmschen Gesetz hat es daher einen Sinn, Augenblickswerte von verschiedenen Wechselstromgrößen zu addieren. Damit erhebt sich die wichtige Frage, wie sich die Addition der Augenblickswerte von Wechselstromgrößen an den zugehörigen Zeitvektoren auswirkt.

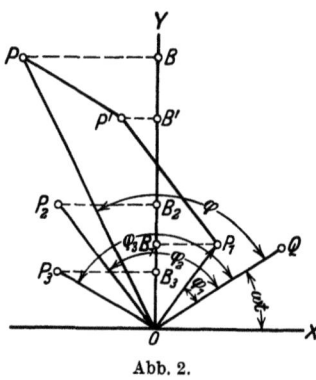

Abb. 2.

Zur Beantwortung der gestellten Frage werde die Addition von drei Wechselstromgrößen gleicher Frequenz gezeigt. Die Ableitung wird aber ohne weiteres dartun, wie die Addition von mehr als drei oder von nur zwei Wechselstromgrößen ausgeführt werden muß.

Die drei Wechselstromgrößen seien a_1, a_2, a_3 mit den Amplituden A_1, A_2, A_3, den Phasenwinkeln φ_1, φ_2, φ_3 und der gleichen Frequenz ω. Die zugehörigen Zeitvektoren seien OP_1, OP_2, OP_3, die Projektionen auf die Zeitachse $\overline{OB_1}$, $\overline{OB_2}$, $\overline{OB_3}$, wie in der Abb. 2 angegeben. Wesentlich ist die Annahme, daß alle Wechselstromgrößen die gleiche Kreisfrequenz ω haben. Nur so bewahren die zugehörigen Zeitvektoren gegenseitig unverrückt ihre Lage. Man kann daher die Zeitvektoren in Abb. 2 sämtlich als in Ruhe beharrend betrachten, wenn man den Zeitwinkel ωt als beliebig groß annimmt.

Die Summe der Augenblickswerte von a_1, a_2, a_3 ist die Summe der Strecken $\overline{OB_1}$ plus $\overline{OB_2}$ plus $\overline{OB_3}$. Man mache zur Konstruktion $P_1 P'$ gleich und parallel OP_2, hierauf $P'P$ gleich und parallel OP_3. Die Projektionen von P und P' auf die Zeitachse seien B bzw. B'. Nach ganz elementaren und bekannten Sätzen aus der ebenen Geometrie darf man schreiben

$$\overline{OB_1} = \overline{OB_1}$$
$$\overline{B_1B'} = \overline{OB_2}$$
$$\overline{B'B} = \overline{OB_3}$$
$$\overline{OB} = \overline{OB_1} + \overline{B_1B'} + \overline{B'B} = \overline{OB_1} + \overline{OB_2} + \overline{OB_3}.$$

Die Projektion $\overline{OB}$ von OP auf die Zeitachse gibt den Augenblickswert ler Summe der Wechselstromgrößen $a_1 + a_2 + a_3$ an. Man kann daher sagen, daß sich der Zeitvektor OP zu der Summe der Wechselstromgrößen genau so verhält wie die einzelnen Zeitvektoren zu den zugehörigen Wechselstromgrößen. Der Vektor OP ist somit der Zeitvektor der Summe der Wechselstromgrößen.

Da der algebraischen Summe von rein sinusförmigen Wechselstromgrößen nach obigem ein Zeitvektor entspricht, folgert man rückschließend, daß diese Summe wieder einen zeitlich rein sinusförmigen Charakter hat. Dies Ergebnis kommt in der Gleichung

$$a = a_1 + a_2 + a_3 = A_1 \sin(\omega t + \varphi_1) + A_2 \sin(\omega t + \varphi_2) + A_3 \sin(\omega t + \varphi_3)$$
$$= A \sin(\omega t + \varphi)$$

zum Ausdruck. Dabei ist die Amplitude A identisch mit der Strecke $\overline{OP}$ und der Phasenwinkel φ identisch mit dem Winkel POQ.

Die in der Abb. 2 durchgeführte Addition von Zeitvektoren ist dieselbe wie die aus der Mechanik bekannte Addition von Kräften mittels des Kräftepolygons, die darin besteht, daß von den Vektoren durch geeignete Parallelverschiebung ein Polygon gebildet wird, indem man den Anfang jedes folgenden Vektors an das Ende des vorhergehenden Vektors reiht. Die gerichtete Strecke, welche den Anfang des ersten Vektors — in der Abb. 2 das Zentrum O — mit dem Ende des letzten Vektors verbindet — in der Abb. 2 der Punkt P —, stellt den Summenvektor nach Betrag und Richtung dar.

Man hätte, statt wie in Abb. 2 gezeigt, die Konstruktion auch so ausführen können, daß man mit dem Vektor OP_2 oder OP_3 an Stelle mit dem Vektor OP_1 begonnen hätte. Man wäre dann in gleicher Weise zu einem resultierenden Zeitvektor gekommen. Dieser Zeitvektor muß jedoch identisch mit dem früher gefundenen sein. Denn wäre das nicht der Fall, so würden beide Zeitvektoren einen verschiedenen Augenblickswert ergeben, was unmöglich ist, da in der algebraischen Addition der einzelnen Augenblickswerte die Reihenfolge der Summierung gleichgültig ist.

Die Reihenfolge, in der man Zeitvektoren zu einem resultierenden Zeitvektor verknüpft, ist also ohne Einfluß auf das Ergebnis.

Sind speziell zwei Vektoren gleicher Richtung ($\varphi_1 = \varphi_2$) gegeben, so sieht man aus der Konstruktion in Abb. 2, daß aus der Addition ein Vektor vom Betrage $A_1 + A_2$ und dem Phasenwinkel $\varphi = \varphi_1 = \varphi_2$ hervorgeht. Sind speziell zwei Vektoren entgegengesetzter Richtung ($\varphi_2 = \varphi_1 + \pi$) gegeben, so führt die Addition auf einen Vektor vom Betrage $A_1 - A_2$ und dem Phasenwinkel φ_1, oder, was dasselbe ist, auf einen Vektor vom Betrage $A_2 - A_1$ und dem Phasenwinkel φ_2. Man erkennt, daß man bei der Addition von Vektoren gleicher und entgegengesetzter Richtung die Amplituden algebraisch addieren darf, wenn man nur den Amplituden von Vektoren entgegengesetzter Richtung das negative Vorzeichen gibt.

Aus der Darstellung der Wechselstromgröße

$$a = A \sin(\omega t + \varphi)$$

und der Eigenschaft des zugehörigen Zeitvektors, daß sein Betrag gleich der Amplitude A ist, folgt unmittelbar, daß die Wechselstromgröße a dauernd verschwindet, wenn der Zeitvektor den Betrag Null hat, und daß umgekehrt der Zeitvektor den Betrag Null haben muß, wenn die Wechselstromgröße dauernd verschwindet. Speziell ergeben zwei Zeitvektoren von gleichem Betrag aber entgegengesetzter Richtung addiert einen Zeitvektor vom Betrag Null.

4. Vektordiagramme. Beispiele.

Die Aufstellung von Vektordiagrammen vermitteln die Kirchhoffsche Regel und das Ohmsche Gesetz.

Nach der Kirchhoffschen Regel muß die Summe der nach einem Knotenpunkt zufließenden Ströme in jedem Augenblick gleich Null sein. Man bilde aus den Zeitvektoren der einzelnen Ströme nach dem im vorigen Kapitel gegebenen Verfahren (Abb. 2) den resultierenden Zeitvektor. Dessen Projektion auf die Zeitachse gibt in jedem Augenblick die Summe der zufließenden Ströme. Diese Summe muß nach der Kirchhoffschen Regel aber verschwinden, daher muß der Betrag des resultierenden Zeitvektors gleich Null sein. Indem man also die Stromvektoren nach dem angegebenen Verfahren in beliebiger Folge geometrisch aneinander reiht, kommt man auf einen resultierenden Vektor vom Betrag Null, d. h. auf den Anfangspunkt des Ausgangsvektors zurück. Man sagt: die Stromvektoren bilden ein geschlossenes Polygon. Geschlossene Polygone von Vektoren nennt man auch Vektordiagramme.

Zu einem völlig entsprechenden Ergebnis für die Spannungsvektoren führt das Ohmsche Gesetz. Für einen geschlossenen Stromkreis eine sog. Masche, lautet dasselbe, wie man aus der im vorigen Kapitel gegebenen Fassung erkennt, weil Anfang und Ende der Serienschaltung zusammenfallen: die Summe der Einzelspannungen ist in jedem Augenblick gleich Null. Das gleiche Schlußverfahren wie beim Stromknotenpunkt ergibt auch hier: die Spannungsvektoren bilden ein geschlossenes Polygon.

Für jeden Stromknotenpunkt des Leitungsgebildes erhält man auf diese Weise ein Strompolygon, ebenso für jede Masche desselben Leitungsgebildes ein Spannungspolygon. Es sei n die Gesamtzahl dieser Polygone. Man kann dann mit Hilfe derselben n unbekannte Vektoren ermitteln. Es möge zunächst in jedem Polygon nur ein unbekannter Vektor vorkommen. Man bilde von den bekannten Vektoren in beliebiger Reihenfolge, wie es die Knotenpunkte und die Maschen je vorschreiben, die Summe, wodurch sich je ein offenes Polygon ergibt. Addiert man hierauf jeweils noch den unbekannten Vektor, so muß man auf den Ausgangsvektor zurückkehren. D. h.: der unbekannte Vektor ist die Gerade, welche das offene Polygon zu einem geschlossenen macht (Schlußlinie). Die Länge dieser Geraden gibt die Amplitude der gesuchten Wechselstromgröße an, die Richtung nach dem Ausgangsvektor den Phasenwinkel.

Kommen dagegen in einigen oder allen Polygonen mehr als ein unbekannter Vektor vor, so ist es meist unmöglich, die eben angegebene Konstruktion zur Lösung durchzuführen. Oft gelingt es zum Ziele zu kommen, wenn man zuerst die Polygone bildet, in welchen nur je ein unbekannter Vektor auftritt. Sind diese Vektoren dann ermittelt, so können dieselben in den anderen Polygonen wie die schon bekannten Vektoren behandelt werden. Polygone, die früher zwei unbekannte Vektoren enthielten, enthalten nun bloß einen unbekannten Vektor. Indem man in dem Lösungsverfahren in gleicher Weise weiter schreitet, ist es zuweilen möglich, alle unbekannten Vektoren der Reihe nach zu ermitteln. In vielen Fällen kommt man jedoch in der angegebenen Weise nicht zum Ziele. Bei solchen Problemen tritt der Nutzen der komplexen Behandlung von Zeitvektoren besonders hervor.

Zur Summierung der bekannten Vektoren in den betrachteten Polygonen muß man Größe und Richtung dieser Vektoren kennen. Diese Daten werden von den Konstanten des elektrischen Stromkreises geliefert. Die Konstanten sind: der Ohmsche Widerstand, die Induktivität und die Kapazität.

Um im folgenden jegliche Zweifel betreffs Vorzeichen auszuschließen, ist es zweckmäßig, kurz an bekannte Festsetzungen zu erinnern. Wie in Abb. 3 angedeutet, möge zwischen den Punkten A und B irgendein stromdurchflossenes Leitungsgebilde eingeschaltet sein. Die Pfeilrichtung soll die beliebig festsetzbare positive Strom- und Spannungsrichtung sowie die positive Richtung der diesbezüglichen Differentialquotienten angeben. Diese

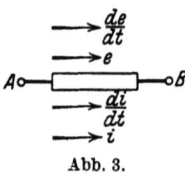

Abb. 3.

Festsetzung ist so zu verstehen. Der Strom im Leitungsgebilde ist positiv, d. h. fließt von A nach B, wenn der Strom um die Zuführungsleitung, von A nach dem Gebilde, magnetische Kraftlinien erzeugt, die für einen Beobachter, der von A nach B wandert, im Sinne des Uhrzeigers verlaufen. Die Spannung im Leitungsgebilde ist positiv, d. h. von A nach B gerichtet, wenn das Potential im Punkte B höher ist als im Punkte A. Ähnliches gilt für die Differentialquotienten. Der Differentialquotient di/dt ist positiv, d. h. von A nach B gerichtet, wenn die Kraftlinien, die ursprünglich im Uhrzeigersinne verlaufen, sich verstärken oder wenn die Kraftlinien, die ursprünglich entgegengesetzt dem Uhrzeigersinne verlaufen, schwächer werden. Ebenso ist der Differentialquotient de/dt positiv, d. h. von A nach B gerichtet, wenn das Potential in B, das ursprünglich höher als in A war, noch höher wird oder wenn das Potential in B, das ursprünglich niedriger als in A war, weniger niedrig geworden ist.

Als besondere Leitungsgebilde zwischen den Punkten A und B betrachte man der Reihe nach: a) einen Ohmschen Widerstand, b) eine Induktivität und c) eine Kapazität.

a) Ist zwischen den Punkten A und B ein Ohmscher Widerstand von der Größe R eingeschaltet, der vom Strom i durchflossen wird, so ergibt die Messung, daß der Spannungsunterschied zwischen beiden Punkten in jedem Augenblick absolut genommen gleich dem Produkt von i und R ist, und zwar ist das Potential im Punkte B niedriger, wenn der Strom von A nach B fließt. Aus diesem Grunde kann man sagen, daß in dem Ohmschen Widerstand eine Spannung e_R erzeugt wird, deren Größe gegeben ist durch die Beziehung

$$e_R = -Ri = -RJ\sin(\omega t + \varphi), \qquad (2)$$

wenn i als sinusförmiger Wechselstrom gesetzt war zu

$$i = J\sin(\omega t + \varphi). \qquad (2\,\text{a})$$

Die Ohmsche Spannung e_R läßt sich auch schreiben, wie eine leichte Umformung von Gleichung (2) zeigt,

$$e_R = RJ\sin(\omega t + \varphi \pm \pi). \qquad (2\,\text{b})$$

Sie ist wieder eine sinusförmige Wechselstromgröße; ihr Zeitvektor ist, wie die Gegenüberstellung von Gleichung (2a) und (2b) angibt, gegenüber dem Stromvektor um 180 Grad in der Phase verschoben und hat den Betrag RJ.

b) Ist zwischen den Punkten A und B eine Selbstinduktion von der Größe L eingeschaltet, so ergibt die Messung, daß der Spannungsunterschied zwischen beiden Punkten in jedem Augenblick absolut genommen gleich dem Produkt von L und di/dt ist; und zwar ist das Potential in B geringer als in A, sobald der Differentialquotient di/dt einen positiven Augenblickswert hat. Aus diesem Grunde kann man sagen, daß in der Selbstinduktion eine Spannung e_L erzeugt wird, deren Größe durch die Beziehung

$$e_L = -L\frac{di}{dt} = -L\frac{d}{dt}J\sin(\omega t + \varphi) = -\omega LJ\cos(\omega t + \varphi) \qquad (3)$$

gegeben ist, die man nach elementaren trigonometrischen Regeln auch schreiben kann

$$e_L = -\omega LJ\sin\left\{\frac{\pi}{2} - (\omega t + \varphi)\right\} = \omega LJ\sin\left(\omega t + \varphi - \frac{\pi}{2}\right). \qquad (3\,\text{a})$$

Die induktive Spannung e_L ist wieder eine sinusförmige Wechselstromgröße. Ihr Zeitvektor ist, wie die Gegenüberstellung von Gleichung (2a) und (3a) zeigt, gegenüber dem Stromvektor um 90 Grad nacheilend in der Phase verschoben und hat den Betrag ωLJ.

Ähnliches wie für die Selbstinduktion L, gilt auch für die gegenseitige Induktion M. Nur kann der Koeffizient M der gegenseitigen Induktion sowohl positiv wie negativ sein, da der positive Richtungssinn im induzierenden Element unabhängig vom positiven Richtungssinn im induzierten Element gewählt werden darf.

c) Zwischen den Punkten A und B befinde sich ein Kondensator mit der Kapazität C. Im Punkte B sei augenblicklich das höhere Potential, und zwar um den Betrag e. Dann ist die Spannung von A nach B gerichtet zu denken und gleich e. Auf der Belegung an B ist nach bekannten Sätzen der Elektrostatik die positive Ladung Ce vorhanden, auf der Belegung an B die negative Ladung $-Ce$. Nimmt die Spannung um de zu, so ist nach der Zeit dt die Ladung auf der Belegung an B gleich $Ce + Cde$, auf der Belegung bei A gleich $-Ce - Cde$ geworden. Die Ladung auf B nimmt weiter zu, die Ladung auf A weiter ab, und zwar hier in der Zeit dt um Cde oder in der Zeiteinheit um $C\dfrac{de}{dt}$. Es fließen also in der Zuführungsleitung bei A auf den Kondensator negative Ladungen zu von diesem Gesamtbetrag. Diese Ladungen bewirken, wie auch das Experiment zeigt, um die Zuleitung herum Kraftlinien entgegengesetzt dem Uhrzeigersinne, stellen also einen negativen Strom dar. Aus diesem Grunde kann man sagen, daß die Kondensatorspannung einen kapazitiven Strom erzeugt, der gegeben ist durch die Gleichung

$$i_C = -C\frac{de}{dt}.$$

Setzt man für e die sinusförmige Wechselspannung

$$e = E\sin(\omega t + \varphi) \qquad (4)$$

ein, so bekommt man

$$i_C = -C\frac{d}{dt}E\sin(\omega t + \varphi) = -\omega C E\cos(\omega t + \varphi),$$

und weiter, ganz wie bei Gleichung (3) und (3a),

$$i_C = \omega C E\sin\left(\omega t + \varphi - \frac{\pi}{2}\right). \qquad (4\,\text{a})$$

Der Kapazitätsstrom ist ebenfalls sinusförmig. Sein Zeitvektor ist gegenüber dem Spannungsvektor um 90 Grad nacheilend in der Phase verschoben und hat den Betrag ωCE. Ebenso kann man aber auch sagen: Jeder durch eine Kapazität C hindurchfließender sinusförmiger Wechselstrom von der Amplitude J_C erzeugt an der Kapazität eine Spannung, deren Zeitvektor gegenüber dem Stromvektor um 90 Grad voreilend in der Phase verschoben ist und deren Amplitude $J_C/\omega C$ beträgt. In eine Gleichung geschrieben lautet diese andere Fassung

$$e = \frac{J_C}{\omega C} \sin\left(\omega t + \varphi + \frac{\pi}{2}\right). \tag{4b}$$

Einheiten. Wird der Ohmsche Widerstand R in Ohm, die Induktivität L bzw. M in Henry, die Kapazität C in Farad, der Strom J in Ampere, die Zeit t in Sekunden gemessen, so ergibt sich der Spannungswert in allen Gleichungen ausgedrückt in Volt.

Nach diesen Festsetzungen bietet es keine Schwierigkeit mehr, die folgenden drei Beispiele von Vektordiagrammen zu behandeln.

1. Beispiel. Gegeben sei ein Stromkreis mit Ohmschem Widerstand R, Selbstinduktion L und Kapazität C in Serienschaltung, gemäß nebenstehender Abb. 4, welche auch die positiven Strom- und Spannungsrichtungen eingezeichnet enthält. Es soll die Abhängigkeit zwischen der Klemmenspannung u und dem Strom i festgestellt werden.

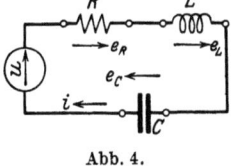

Abb. 4.

Nach dem Ohmschen Gesetz in der Vektorfassung muß die Summe der Spannungsvektoren gleich Null sein. Um die Beziehung zwischen den Vektoren der Klemmenspannung und des Stromes zu finden, nehme man den Strom als gegeben an. Nach Wahl eines Maßstabes für Strom und Spannung zeichne man den Stromvektor OV mit dem Betrag J, der willkürlich ist, in beliebiger Richtung, wie es die Abb. 5 angibt. Hierauf kann man ohne weiteres den Vektor der Ohmschen Spannung OP mit dem Betrag RJ und in Opposition zum Stromvektor, den induktiven Spannungsvektor OQ mit dem Betrag ωLJ, der gegen den Stromvektor um 90° nacheilend gedreht ist, und den kapazitiven Spannungsvektor OS mit dem Betrag $J/\omega C$, der gegen den Stromvektor um 90° voreilend gedreht ist, eintragen. Die Summierung der

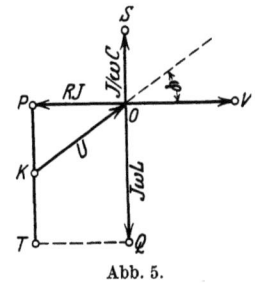

Abb. 5.

drei Spannungsvektoren ist einfach. Man macht PT gleich und parallel OQ, hierauf TK gleich und parallel OS. Der Klemmenspannungsvektor muß das offene Spannungspolygon $OPTK$ zum Schließen bringen. Daher ist KO der Größe und Richtung nach der Vektor der Klemmenspannung.

Zur rechnerischen Auffindung der Amplitude und des Phasenwinkels der Klemmenspannung, wenn man diese Werte nicht direkt dem Diagramm entnehmen will, betrachte man das rechtwinklige Dreieck mit den beiden Katheten

$$\overline{OP} = RJ \quad \text{und} \quad \overline{KP} = \left(\omega L - \frac{1}{\omega C}\right)J$$

sowie der Hypotenuse

$$\overline{OK} = U.$$

Dieses Dreieck ergibt sofort alle gewünschten Beziehungen. Nach dem Pythagoras muß sein

$$U = J\sqrt{R^2 + \left(\omega L - \frac{1}{\omega C}\right)^2} \quad \text{oder} \quad J = \frac{U}{\sqrt{R^2 + \left(\omega L - \frac{1}{\omega C}\right)^2}}. \quad (5)$$

Ferner ist der Phasenwinkel φ zwischen Strom und Spannung aus der folgenden Beziehung

$$\operatorname{tg}\varphi = \frac{\overline{PK}}{\overline{OP}} = \frac{\omega L - \frac{1}{\omega C}}{R} \quad (6)$$

zu ermitteln.

2. Beispiel. Gegeben sei eine Parallelschaltung zwischen einer Kapazität C einerseits und einem Ohmschen Widerstand R sowie einer Selbstinduktion L andererseits, die beide für sich in Serie geschaltet sind, wie es Abb. 6 darstellt. Die positiven Richtungen der Spannungen und Ströme sind in der Abb. 6 festgelegt. Es soll die Abhängigkeit zwischen der Klemmenspannung u und dem Strom i festgestellt werden!

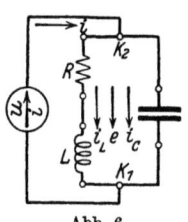

Abb. 6.

Man nehme den Strom i_L in der Drossel als gegeben an und wähle den Spannungsmaßstab sowie den Strommaßstab. Hierauf ziehe man, wie die Abbildung 7 es erläutert, den Stromvektor OA von i_L beliebig. Damit ist dann der Spannungsvektor am Ohmschen Widerstand OP mit dem Betrag RJ_L und in Opposition zum Stromvektor OA, sowie der Spannungsvektor PQ an der Selbstinduktion mit dem Betrag $\omega L J_L$ und mit 90° nacheilender Phasenverschiebung gegen den Stromvektor OA gegeben. Der Vektor OQ ist die Summe der beiden genannten Vektoren und stellt den Vektor der Spannung e zwischen den Punkten K_2 und K_1 dar, denn seine Projektion auf die Zeitachse gibt in jedem Augenblick die Summe der Augenblickswerte der Spannungen am Ohmschen Widerstand und an der Spule an. Diese Summe ist nach dem Ohmschen Gesetz

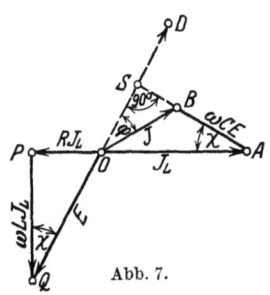

Abb. 7.

die Spannung zwischen den Punkten K_2 und K_1. Die Spannung e ist gleichzeitig die Spannung an der Kapazität C. Deshalb kann man auch sofort den Vektor des Kapazitätsstromes i_C zeichnen. Dieser Vektor AB steht senkrecht zum Vektor der Spannung e, um 90° nacheilend, und hat den Betrag $\overline{AB} = \omega C E = \omega C \cdot \overline{OQ}$.

Nach dem Knotenpunkt K_1, in Abb. 6, fließen die Ströme i_L, i_C und $-i$. Gemäß der Kirchhoffschen Regel in der Vektorfassung müssen die zugehörigen Zeitvektoren ein geschlossenes Polygon bilden. Der Vektor BO ist daher der Vektor des Stromes $-i$ und umgekehrt der Vektor OB der Stromvektor von i selbst. Die Strecke $\overline{OB}$ gibt aus diesem Grunde den Strombetrag J an.

Das Ohmsche Gesetz besagt im vorliegenden Fall noch, daß die Summe der Klemmenspannung u und der Spannung e gleich Null ist. Nach einem früher gefundenen Ergebnis muß der Vektor der Klemmenspannung u deshalb gleich, aber entgegengesetzt gerichtet dem Vektor der Spannung e sein. In Abb. 7 stellt OD den Vektor der Klemmenspannung dar; es ist

$$\overline{OD} = U = E = \overline{OQ}.$$

Zur Ableitung der Beziehung zwischen den Amplituden U und J der Klemmenspannung und des Stromes sowie der Phasenwinkel zwischen beiden, sofern man diese Werte nicht direkt mit dem Maßstab dem Diagramm entnehmen will, betrachte man das Spannungsdreieck OPQ und das Stromdreieck OAB. Die Winkel bei Q und bei A sind gleich, weil immer zwei Schenkel, infolge der Konstruktion, aufeinander senkrecht stehen. Das rechtwinklige Spannungsdreieck liefert nach dem Pythagoras

$$U = E = J_L \cdot \sqrt{R^2 + \omega^2 L^2}, \tag{7}$$

ferner noch

$$U \cos \chi = \omega L J_L. \tag{7a}$$

Das Stromdreieck hinwieder gibt mit Benutzung des Kosinussatzes

$$J^2 = \omega^2 C^2 U^2 + J_L^2 - 2 \omega C U J_L \cos \chi. \tag{8}$$

Ersetzt man in Gleichung (8) den Faktor $U \cos \chi$ durch den Ausdruck in Gleichung (7a), schließlich J_L selbst durch einen Wert aus Gleichung (7), so ergibt eine sehr einfache Umformung endlich

$$U = J \frac{\sqrt{R^2 + \omega^2 L^2}}{\sqrt{(1 - \omega^2 L C)^2 + \omega^2 R^2 C^2}}. \tag{9}$$

Zur Ermittlung der Phasenverschiebung zwischen u und i bedenke man, daß die Projektion $\overline{OS}$ des Stromvektors i und des Stromvektors von i_L auf den Spannungsvektor von u beide gleich sind. Es ist daher

$$J \cos \varphi = J_L \sin \chi \tag{10}$$

oder

$$\cos \varphi = \frac{J_L}{J} \sin \chi. \tag{10a}$$

Aus dem Spannungsdreieck OPQ folgt weiter

$$\sin \chi = \frac{R J_L}{U}.$$

Setzt man diesen Ausdruck in die Gleichung (10a) ein, ersetzt darauf J_L durch den Wert aus Gleichung (7) und endlich J durch den Wert aus Gleichung (9), so bekommt man durch eine einfache Rechnung

$$\cos \varphi = \frac{R}{\sqrt{R^2 + \omega^2 L^2} \cdot \sqrt{(1 - \omega^2 L C)^2 + \omega^2 R^2 C^2}}. \tag{11}$$

3. Beispiel. Gegeben seien zwei induktiv gekoppelte Stromkreise mit Ohmschem Widerstand R_1 bzw. R_2 und Selbstinduktion L_1 bzw. L_2. Der Koeffizient der gegenseitigen Induktion sei M. Die positiven Richtungen, die für Ströme und Spannungen gleich sind, enthält die Abb. 8 eingezeichnet. Es soll die Beziehung zwischen der Klemmenspannung u_1 und dem Primärstrom i_1 festgestellt werden!

Man nehme den Strom i_2 im Sekundärkreis als gegeben an und wähle den Strommaßstab sowie den Spannungsmaßstab. Hierauf ziehe man, wie das die Abb. 9 erläutert, den Stromvektor OA von i_2 beliebig. Dann kann man sofort das Spannungspolygon des Sekundärkreises konstruieren. Zuerst ziehe man den Vektor der Spannung am Ohmschen

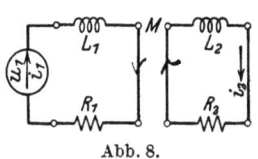

Abb. 8.

Widerstand OP mit dem Betrag $R_2 J_2$ entgegengesetzt dem Stromvektor OA. Hierauf addiere man den Vektor PQ der Spannung an der Selbstinduktion mit dem Betrag $\omega L_2 J_2$, der gegen den Stromvektor OA um 90° nacheilt. Die Schlußlinie QO muß nach dem Ohmschen Gesetz den Vektor der Kopplungsspannung darstellen, da andere als die drei genannten Spannungen im Sekundärkreis nicht wirksam sind. Der Augenblickswert der Kopplungsspannung ist allgemein

$$e_M = -M \frac{d i_1}{d t}.$$

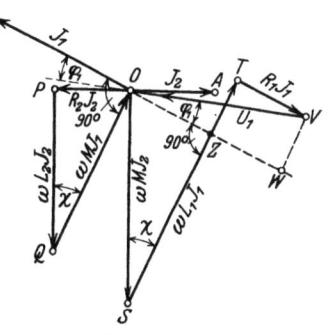

Abb. 9.

Die Kopplungsspannung hat demnach einen Zeitvektor, in Abb. 9 der Vektor QO, der dem Strom um 90° in der Phase nacheilt und den Betrag $\omega M J_1$ aufweist. Die Kopplungsspannung ist durch den Vektor QO ermittelt. Man findet darauf leicht den Primärstrom i_1. Sein Zeitvektor OB eilt dem Vektor QO um 90° in der Phase vor, sein Betrag $\overline{OB} = J_1$ ist gleich $\overline{QO}$ dividiert durch ωM. Der Winkel QOB ist ein Rechter.

Nun, wo der Stromvektor des Primärkreises ermittelt ist, kann man auch das Spannungspolygon des Primärkreises zeichnen. Im Primärkreis wirken: die Ohmsche Spannung, die Spannung der Selbstinduktion, die Kopplungsspannung und die Klemmenspannung. Die Vektoren der drei ersten Spannungen sind im Linienzug $OSTV$ addiert. Es ist OS der Vektor der Kopplungsspannung mit dem Betrag $\omega M J_2$, welcher dem Vektor von i_2 um 90° nacheilt, ST der Vektor der Spannung an der Selbstinduktion mit dem Betrag $\omega L_1 J_1$, welcher dem Vektor des

Primärstromes i_1 um 90° nacheilt, TV der Vektor der Ohmschen Spannung mit dem Betrag R_1J_1 und entgegengesetzt gerichtet dem Vektor von i_1. Die Schlußlinie des Spannungspolygons, $OSTV$, muß nach dem Ohmschen Gesetz der Vektor der Klemmenspannung sein. Danach ist $\overline{OV} = U_1$.

Zur Ableitung der Beziehung zwischen den Amplituden U_1 und J_1 sowie zur Ermittlung des Phasenwinkels φ_1 zwischen u_1 und i_1, sofern man diese Größen nicht direkt mit dem Maßstab dem Diagramm entnehmen will, betrachte man die Dreiecke OPQ und OVW sowie das Spannungsviereck $OSTV$. Die Winkel bei Q und S sind einander gleich, weil die zugehörigen Schenkel nach Konstruktion parallel laufen.

Dem Dreieck OPQ entnimmt man sofort die Beziehungen

$$\omega M J_1 = J_2 \cdot \sqrt{R_2^2 + \omega^2 L_2^2}, \tag{12}$$

$$\cos\chi = \frac{L_2 J_2}{M J_1}, \tag{12a}$$

$$\sin\chi = \frac{R_2 J_2}{\omega M J_1}. \tag{12b}$$

Das Dreieck OVW wird dadurch erhalten, daß man vom Endpunkt V des Vektors OV ein Lot auf den Vektor des Primärstromes fällt; es ist daher rechtwinklig. Seine Katheten sind, wie man mühelos aus dem Diagramm abliest,

$$\overline{VW} = \omega L_1 J_1 - \omega M J_2 \cos\chi = \overline{ST} - \overline{SZ},$$

$$\overline{OW} = R_1 J_1 + \omega M J_2 \sin\chi = \overline{ZW} + \overline{OZ},$$

während die Hypotenuse gleich der Amplitude U_1 der Klemmenspannung ist. Nach dem Pythagoras folgt dann

$$U_1 = \sqrt{(\omega L_1 J_1 - \omega M J_2 \cos\chi)^2 + (R_1 J_1 + \omega M J_2 \sin\chi)^2}. \tag{13}$$

Für den Phasenwinkel φ_1 zwischen den Vektoren der Klemmenspannung u_1 und dem Primärstrom i_1 ergibt das Dreieck OVW

$$\operatorname{tg}\varphi = \frac{\overline{VW}}{\overline{OW}} = \frac{\omega L_1 J_1 - \omega M J_2 \cos\chi}{R_1 J_1 + \omega M J_2 \sin\chi}. \tag{13a}$$

In den Gleichungen (13) und (13a) ersetze man nun $\cos\chi$ und $\sin\chi$ durch die Ausdrücke (12a) und (12b). Hierauf kann man J_2 vermittels der Gleichung (12) entfernen. Eine mühelose Rechnung liefert dann das Endergebnis

$$U_1 = J_1 \sqrt{\left(R_1 + R_2 \frac{\omega^2 M}{R_2^2 + \omega^2 L_2^2}\right)^2 + \left(L_1 - L_2 \frac{\omega^2 M^2}{R_2^2 + \omega^2 L_2^2}\right)^2 \omega^2}, \qquad (14)$$

$$\operatorname{tg}\varphi_1 = \frac{\omega\left(L_1 - L_2 \dfrac{\omega^2 M^2}{R_2^2 + \omega^2 L_2^2}\right)}{R_1 + R_2 \dfrac{\omega^2 M^2}{R_2^2 + \omega^2 L_2^2}}. \qquad (14\,\mathrm{a})$$

Nach den vorangegangenen Festsetzungen über Zeitvektoren und deren Zusammensetzung zu Vektordiagrammen kann zur rechnerischen Behandlung der Zeitvektoren mittels der komplexen Symbolik übergegangen werden.

II. Rechnerische Behandlung der Zeitvektoren.

5. Definition des komplexen Symboles. Sätze und Regeln.

Das rechnerische Verfahren mit der komplexen Symbolik bezweckt, die Diagramme von Zeitvektoren, von welchen im Vorhergehenden einige Beispiele gegeben worden sind, auf arithmetischem Wege auszuwerten, wodurch zumeist umständliche geometrische Betrachtungen, wie sie das zuletzt behandelte Beispiel schon andeutet, ganz vermieden werden.

Künftig mögen alle Zeitvektoren durch große deutsche Buchstaben symbolisch bezeichnet werden, während mit dem entsprechenden großen lateinischen Buchstaben die Amplitude des Vektors angegeben werden soll. Für den Augenblickswert der Wechselstromgrößen, die zeitlich immer von rein sinusförmigem Charakter sind, werden später je nach Bedarf die kleinen lateinischen Buchstaben i und u mit entsprechenden Indizes genommen werden, während die übrigen kleinen lateinischen Buchstaben zur Bezeichnung von konstanten Größen vorbehalten bleiben.

Die Zeitvektoren, z. B. $\mathfrak{A}$, $\mathfrak{B}$, $\mathfrak{C}$, ..., werden nach dem im 3. Kapitel (Abb. 2) angegebenen geometrischen Verfahren summiert zu einem resultierenden Vektor. Diese Operation soll symbolisch durch das aus der Arithmetik entnommene Pluszeichen versinnbildlicht werden. So besagt die folgende Gleichung

$$\mathfrak{M} = \mathfrak{A} + \mathfrak{B} + \mathfrak{C} + \cdots,$$

daß der Zeitvektor $\mathfrak{M}$ der resultierende Vektor aus den Zeitvektoren $\mathfrak{A}$, $\mathfrak{B}$, $\mathfrak{C}$, ... ist. Da bei der Ausführung der Addition die Reihenfolge, in der die Vektoren $\mathfrak{A}$, $\mathfrak{B}$, $\mathfrak{C}$, ... aneinandergereiht werden, gleichgültig ist, so ist es auch in der symbolischen Darstellung gleich, in welcher Reihenfolge die Symbole $\mathfrak{A}$, $\mathfrak{B}$, $\mathfrak{C}$, ... durch das Pluszeichen verbunden werden.

Nahe liegt es, auch das Minuszeichen der Arithmetik symbolisch zu verwerten. So soll das Minuszeichen vor einem Vektor andeuten, daß der Vektor mit entgegengesetztem Richtungssinn zu den anderen Vektoren addiert werden muß. Sind solche andere Vektoren nicht vorhanden, die hinzuaddiert werden sollen, so besagt das Minuszeichen vor dem Vektor, daß sein Richtungssinn umzukehren ist. Der Vektor $-\mathfrak{B}$ z. B. hat denselben Betrag B wie der Vektor $\mathfrak{B}$, jedoch den umgekehrten Richtungssinn; gleicherweise hat sein Augenblickswert den negativen Wert des Augenblickswertes von $\mathfrak{B}$. Das ist sehr wesentlich und gut zu merken.

Es ist augenscheinlich, daß der ganz allgemeine Satz, wonach gleiche Größen zu gleichen Größen addiert wieder gleiche Größen ergeben, auch für das Rechnen mit Vektoren Gültigkeit hat, wenn man unter solchen Größen die Zeitvektoren und unter der Addition die im 3. Kapitel (Abb. 2) dargelegte Vektoraddition versteht.

Nach diesen Darlegungen darf man in der Gleichung

$$\mathfrak{M} = \mathfrak{A} + \mathfrak{B} + \mathfrak{C} + \cdots + \mathfrak{K}$$

beiderseits den Vektor $-\mathfrak{B}$ addieren, ohne daß die Gleichung aufhört richtig zu sein. Durch die Addition erhält man

$$\mathfrak{M} - \mathfrak{B} = \mathfrak{A} + \mathfrak{B} + \mathfrak{C} + \cdots + \mathfrak{K} - \mathfrak{B}.$$

Da die Reihenfolge, in der die Vektoren rechter Hand geschrieben werden, völlig gleichgültig ist, so darf man diese Gleichung auch schreiben

$$\mathfrak{M} - \mathfrak{B} = \mathfrak{B} - \mathfrak{B} + \mathfrak{A} + \mathfrak{C} + \cdots + \mathfrak{K}.$$

Wenn man die Addition der Vektoren auf der rechten Seite nach der Konstruktion des 3. Kapitels durchführt, so erkennt man sofort, daß die Vektoren $\mathfrak{B}$ und $-\mathfrak{B}$ sich aufheben und einen Vektor vom Betrag Null ergeben. Deshalb vereinfacht sich die Gleichung zu der folgenden

$$\mathfrak{M} - \mathfrak{B} = \mathfrak{A} + \mathfrak{C} + \cdots + \mathfrak{K}.$$

Durch Vergleichung der Endgleichung mit der Ausgangsgleichung gelangt man zum Ergebnis, daß in einer Vektorgleichung jeder Vektor von der einen Seite der Gleichung auf die andere Seite gebracht werden darf, ohne daß die Gleichung aufhört gültig zu bleiben, wenn man nur das Vorzeichen des Vektors bei dieser Operation umkehrt. Eine ganz entsprechende Regel ist bereits aus der Gleichungstheorie der Arithmetik bekannt. Die eben ausgesprochene Regel wird später bei der Behandlung von Vektorgleichung immerfort benutzt werden, ohne daß dies besonders hervorgehoben wird.

Für das Folgende ist es unumgänglich, die beiden nachstehenden Festsetzungen zu treffen.

Definition 1: Gegeben sei ein Zeitvektor $\mathfrak{A}$ mit der Amplitude A. Dann soll $a\mathfrak{A}$ bzw. $-a\mathfrak{A}$ einen neuen Vektor darstellen, dessen Richtung mit $\mathfrak{A}$ zusammenfällt bzw. die entgegengesetzte ist, dessen Amplitude aber den Betrag aA hat.

Definition 2: Gegeben sei ein Vektor $\mathfrak{A}$ mit der Amplitude A. Dann soll mit $j\mathfrak{A}$ ein Vektor bezeichnet werden, der ebenfalls die Amplitude A hat, jedoch gegen den Vektor $\mathfrak{A}$ um 90° im Sinne der Voreilung gedreht ist.

Es wird besonders hervorgehoben, daß der Ausdruck $j\mathfrak{A}$ kein Produkt der beiden Größen j und $\mathfrak{A}$ andeuten soll. Der Buchstabe j vor dem Vektorsymbol $\mathfrak{A}$ ist vergleichsweise so aufzufassen wie etwa das Zeichen sin vor dem Winkel α in dem Ausdruck $\sin \alpha$.

Aus den beiden Definitionen lassen sich rasch einige Folgerungen ziehen. Fast unmittelbar einzusehen ist die

Folgerung 1: $(a \pm b)\mathfrak{A} = a\mathfrak{A} \pm b\mathfrak{A}$.

Hier handelt es sich rechter Hand um die Addition zweier Vektoren gleicher bzw. entgegengesetzter Richtung, welche mit der gewöhnlichen arithmetischen Addition identisch ist. Man kann statt der Vektoren unmittelbar die Beträge einsetzen, womit die Folgerung lautet

$$(a \pm b)A = aA \pm bA.$$

Die Richtigkeit dieser Gleichung ist aus der Arithmetik bekannt.

Ebenso evident ist die

Folgerung 2: $\quad a\,j\,\mathfrak{A} = j\,a\,\mathfrak{A}$,

deren formale Begründung der Übung des Lesers vorbehalten bleibt.

An der Abb. 10 ergeben sich weitere einfache Folgerungen. Es sei OP der Vektor $\mathfrak{A}$. Dann ist OR der Vektor $-\mathfrak{A}$. Gemäß Definition 2 ist der Vektor OQ gleich dem Vektor $j\mathfrak{A}$. Nun eilt der Vektor $-\mathfrak{A}$ dem Vektor $j\mathfrak{A}$ um 90° in der Phase voraus. Wendet man daher die Definition 2 auf diese beiden Vektoren an, so findet man sofort die

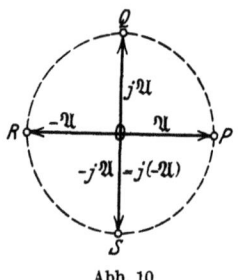

Abb. 10.

Folgerung 3: $\quad j\,j\,\mathfrak{A} = -\mathfrak{A}$.

Die Abb. 10 zeigt noch mehr. Der Vektor OS ist dem Vektor $j\mathfrak{A}$ entgegengesetzt gerichtet, daher gleich $-j\mathfrak{A}$. Andererseits eilt er dem Vektor $-\mathfrak{A}$ um 90° in der Phase voraus und ist somit nach Definition 2 auch gleich $j(-\mathfrak{A})$. Durch Verknüpfung beider Werte für den Vektor OS ergibt sich die

Folgerung 4: $\quad -j\,\mathfrak{A} = j(-\mathfrak{A})$.

Nach dem Vorangegangenen ist man nun in der Lage, jeden beliebigen Vektor $\mathfrak{B}$ durch einen Bezugsvektor $\mathfrak{A}$ symbolisch auszudrücken. Man gelangt dazu dadurch, daß man den Vektor $\mathfrak{B}$ sich aus zwei anderen Vektoren (Komponenten) durch Addition entstanden denkt, wie das Abb. 11a zeigt. Vom Endpunkt Q des Vektors $\mathfrak{B}$ ist auf den Vektor $\mathfrak{A}$ ein Lot gefällt, das diesen im Punkte P trifft.

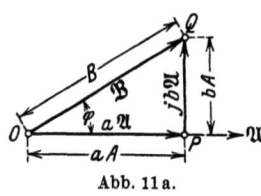

Abb. 11a.

Die Komponenten sind die Vektoren OP und PQ, da diese nach dem bekannten Verfahren addiert, den Vektor OQ gleich $\mathfrak{B}$ geben. Die eine Komponente OP liegt in Richtung des Vektors $\mathfrak{A}$ oder entgegengesetzt zu diesem, je nachdem ob a positiv oder negativ ist gemäß Definition 1, und habe den Betrag $|a|A$, wobei $|a|$ im allgemeinen der Betrag von a sein soll. Die andere Komponente liegt senkrecht zum Vektor $\mathfrak{A}$ und habe den Betrag $|b|A$, wobei im allgemeinen b auch negativ sein kann, gemäß Definition 2 und 1. Zunächst ist

$$OQ = OP + PQ,$$

Definition des komplexen Symboles. Sätze und Regeln. 21

ferner nach Annahme und Konstruktion
$$OQ = \mathfrak{B}; \quad OP = a\mathfrak{A}; \quad PQ = jb\mathfrak{A},$$
mithin nach Einsetzen dieser Ausdrücke
$$\mathfrak{B} = a\mathfrak{A} + jb\mathfrak{A}. \tag{15}$$
Diese Darstellung soll in abgekürzter Form auch geschrieben werden
$$\mathfrak{B} = (a + jb)\mathfrak{A}. \tag{15a}$$

Die Ausdrücke (15) bzw. (15a) geben die symbolische Darstellung des Vektors $\mathfrak{B}$ durch den Bezugsvektor $\mathfrak{A}$. Es sei auch hier wiederum betont, daß der Ausdruck (15a) nicht das Produkt zweier Größen $(a + jb)$ und $\mathfrak{A}$ andeuten soll. Der Ausdruck besagt lediglich und nichts mehr, als daß der Vektor $\mathfrak{B}$ eine Komponente $a\mathfrak{A}$ in Richtung des Vektors $\mathfrak{A}$ und eine Komponente $jb\mathfrak{A}$ hat, die senkrecht zum Vektor $\mathfrak{A}$ steht, und zwar diesen um 90° voreilt, wenn b positiv ist, dagegen um 90° nacheilt, wenn b negativ ist.

Das Symbol $(a + jb)$ bezeichnet man als den komplexen Operator, der auf den Vektor $\mathfrak{A}$ ausgeübt worden ist. Ferner heißt a der reelle Teil und b der imaginäre Teil des Operators. Sowohl a als auch b können beliebig positiv oder negativ sein.

Aus den Teilen a, b des Operators lassen sich unmittelbar das Amplitudenverhältnis der beiden Vektoren $\mathfrak{A}$ und $\mathfrak{B}$ sowie der Phasenwinkel zwischen beiden bestimmen. Man liest aus der Abb. 11a einfach ab

$$B^2 = \overline{OQ}^2 = \overline{OP}^2 + \overline{PQ}^2 = a^2 A^2 + b^2 A^2 \text{ oder } B = A\sqrt{a^2 + b^2}. \tag{16}$$

$$\left.\begin{aligned}\operatorname{tg}\varphi &= \frac{bA}{aA} = \frac{b}{a}, \\ \cos\varphi &= \frac{aA}{B} = \frac{a}{\sqrt{a^2+b^2}}, \\ \sin\varphi &= \frac{bA}{B} = \frac{b}{\sqrt{a^2+b^2}}.\end{aligned}\right\} \tag{17}$$

Selbstverständlich gelten die Beziehungen (16) und (17) für alle möglichen Lagen des Vektors $\mathfrak{B}$ gegenüber dem Vektor $\mathfrak{A}$, wenn auch der Ableitung nur die Abb. 11a zugrunde liegt, welche a und b als positiv voraussetzt. Um sich davon zu überzeugen, sollen außer dem Fall, der in Abb. 11a dargestellt ist, noch die drei anderen möglichen Fälle, denen die Abb. 11b, 11c und 11d entsprechen, kurz durchdiskutiert werden. Seien α und β stets positive Zahlen, so bekommt man für die drei noch möglichen Fälle

2. Fall: $a = -\alpha$, $b = \beta$;
3. Fall: $a = -\alpha$, $b = -\beta$;
4. Fall: $a = \alpha$, $b = -\beta$.

Diese Fälle sind in den Abb. 11b, 11c und 11d dargestellt. Daß die Beziehung (16), welche das Verhältnis der Amplituden von $\mathfrak{A}$ und $\mathfrak{B}$ angibt, für alle vier Fälle gilt, leuchtet ohne weiteres ein.

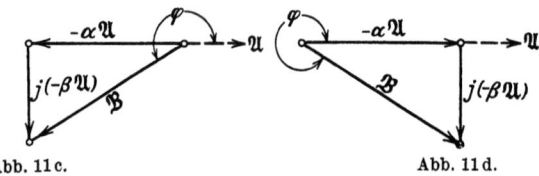

Abb. 11c.   Abb. 11d.

Die folgenden Gleichungen werden ohne Text gegeben, da es keinerlei Schwierigkeiten bieten wird, dieselben zu verfolgen, um so mehr als ihre Ableitung genau der obigen für den 1. Fall entspricht. Für die Ausdrücke (15a) und (17) erhält man nacheinander:

2. Fall (Abb. 11b):
$$\left.\begin{array}{l}\mathfrak{B} = -\alpha\mathfrak{A} + j\beta\mathfrak{A} = (-\alpha + j\beta)\mathfrak{A} \\ = (a + jb)\mathfrak{A}.\end{array}\right\} \quad (15a)$$

$$\cos(180 - \varphi) = -\cos\varphi = \frac{\alpha}{\sqrt{\alpha^2 + \beta^2}} = \frac{-a}{\sqrt{a^2 + b^2}},$$

$$\cos\varphi = \frac{a}{\sqrt{a^2 + b^2}}. \qquad (17)$$

$$\sin(180 - \varphi) = \sin\varphi = \frac{\beta}{\sqrt{\alpha^2 + \beta^2}} = \frac{b}{\sqrt{a^2 + b^2}}. \qquad (17)$$

3. Fall (Abb. 11c):
$$\left.\begin{array}{l}\mathfrak{B} = -\alpha\mathfrak{A} + j(-\beta)\mathfrak{A} \\ = (-\alpha + j(-\beta))\mathfrak{A} = (a + jb)\mathfrak{A}.\end{array}\right\} \quad (15a)$$

$$\cos(\varphi - 180) = \cos(180 - \varphi) = -\cos\varphi = \frac{\alpha}{\sqrt{\alpha^2 + \beta^2}} = \frac{-a}{\sqrt{a^2 + b^2}},$$

$$\cos\varphi = \frac{a}{\sqrt{a^2 + b^2}}. \qquad (17)$$

Definition des komplexen Symboles. Sätze und Regeln.

$$\sin(\varphi - 180) = -\sin(180 - \varphi) = -\sin\varphi = \frac{\beta}{\sqrt{\alpha^2 + \beta^2}} = \frac{-b}{\sqrt{a^2 + b^2}},$$

$$\sin\varphi = \frac{b}{\sqrt{a^2 + b^2}}. \quad (17)$$

4. Fall (Abb. 11d): $\left.\begin{array}{r}\mathfrak{B} = \alpha\,\mathfrak{A} + j(-\beta)\,\mathfrak{A} \\ = (\alpha + j(-\beta))\,\mathfrak{A} = (a + jb)\,\mathfrak{A}.\end{array}\right\}$ (15a)

$$\cos(360 - \varphi) = \cos\varphi = \frac{\alpha}{\sqrt{\alpha^2 + \beta^2}} = \frac{a}{\sqrt{a^2 + b^2}}, \quad (17)$$

$$\sin(360 - \varphi) = -\sin\varphi = \frac{\beta}{\sqrt{\alpha^2 + \beta^2}} = \frac{-b}{\sqrt{a^2 + b^2}},$$

$$\sin\varphi = \frac{b}{\sqrt{a^2 + b^2}}. \quad (17)$$

Von Interesse ist ein spezieller Fall des Operators $(a + jb)$, der dadurch gekennzeichnet ist, daß sich der reelle Teil a als $\cos\psi$ und der imaginäre Teil b als $\sin\psi$ schreiben läßt. Unter dieser Voraussetzung erhält man für den Betrag B des Vektors $\mathfrak{B}$ aus der Gleichung (16)

$$B = A\sqrt{\cos^2\psi + \sin^2\psi} = A.$$

Ferner bekommt man für den Phasenwinkel φ zwischen $\mathfrak{B}$ und $\mathfrak{A}$ aus der ersten der Gleichungen (17)

$$\operatorname{tg}\varphi = \frac{\sin\psi}{\cos\psi} = \operatorname{tg}\psi,$$

oder auch

$$\varphi = \psi.$$

Das Ergebnis läßt sich so aussprechen: Der durch die Beziehung

$$\mathfrak{B} = (\cos\varphi + j\sin\varphi)\,\mathfrak{A} \quad (18)$$

definierte Vektor $\mathfrak{B}$ entsteht aus dem Bezugsvektor $\mathfrak{A}$ durch reine Drehung desselben um den Winkel φ im Sinne der Voreilung, ohne jegliche Änderung in der Größe der Amplitude.

Für die meisten späteren Zwischenrechnungen erweist sich ein einfacher Satz als sehr nützlich, der formuliert werden soll als

Satz 1: Zur Addierung der beiden Vektoren $(a + jb)\,\mathfrak{A}$ und $(c + jd)\,\mathfrak{A}$ gilt die Gleichung

$$\mathfrak{C} = (a + jb)\,\mathfrak{A} + (c + jd)\,\mathfrak{A} = \{(a + c) + j(b + d)\}\,\mathfrak{A},$$

in Worten: Zur Bildung des resultierenden Vektors aus zwei Vektoren, die auf denselben Vektor bezogen sind, darf man die reellen Teile und die beiden imaginären Teile der Operatoren für sich addieren, wodurch der Operator des resultierenden Vektors entsteht hinsichtlich desselben Bezugsvektors.

Den Beweis zum eben ausgesprochenen Satz kann man mühelos der beistehenden Abb. 12 ablesen. Ebenso sieht man auch sofort ein, daß die Gültigkeit des Satzes nicht auf die Addition von nur zwei Vektoren beschränkt bleibt, sondern auch für die Addition von beliebig vielen Vektoren bestehen muß, indem sinngemäß alle reellen Teile der Operatoren für sich und alle imaginären Teile für sich addiert werden dürfen, wodurch der reelle Teil bzw. imaginäre Teil des zum resultierenden Vektor zugehörigen Operators hervorgeht.

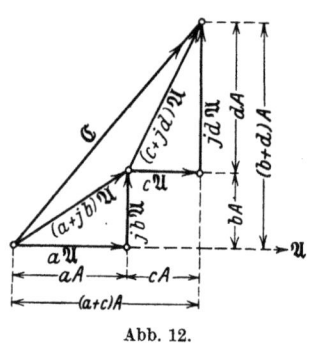

Abb. 12.

Von ganz besonderer Wichtigkeit ist ein Satz, der in der Folge abgeleitet wird und ein Ergebnis über die mehrfache Ausübung von komplexen Operatoren auf einen Bezugsvektor ausspricht.

Aus dem durch die symbolische Gleichung

$$\mathfrak{B} = (a + jb)\mathfrak{A} \tag{15a}$$

definierten Vektor $\mathfrak{B}$ kann man durch eine analoge symbolische Gleichung den Vektor

$$\mathfrak{C} = (c + jd)\mathfrak{B} \tag{19}$$

bilden. Dieser Vektor werde symbolisch, was sehr nahe liegt, kurz folgendermaßen geschrieben

$$\mathfrak{C} = (c + jd)(a + jb)\mathfrak{A}, \tag{20}$$

wobei man wiederum nicht außer acht lassen darf, daß die Beziehung (20) nur eine kurze und bequeme Zusammenfassung der beiden Beziehungen (15a) und (19) ist.

Der Vektor $\mathfrak{C}$ muß sich aber auch direkt durch einen einzigen Operator aus dem Vektor $\mathfrak{A}$ darstellen, und zwar in der geläufigen Form

$$\mathfrak{C} = (\alpha + j\beta)\mathfrak{A}. \tag{21}$$

Es fragt sich, in welcher Weise die Größen α und β von den Größen a, b, c und d abhängen.

Definition des komplexen Symboles. Sätze und Regeln.

Zu dem ausgesprochenen Zweck konstruiere man sich zunächst den Vektor $\mathfrak{B}$ aus dem Vektor $\mathfrak{A}$, wie das die Abb. 13 zeigt. Es ist OP der Vektor $a\mathfrak{A}$, PQ der Vektor $jb\mathfrak{A}$ und OQ der Vektor $\mathfrak{B}$. Dann hat man als Längen, wie bekannt,

$$\overline{OP} = aA, \quad \overline{PQ} = bA, \quad \overline{OQ} = B = A\sqrt{a^2 + b^2}. \tag{22}$$

Ferner ist

$$\cos\varphi_1 = \frac{a}{\sqrt{a^2+b^2}}, \quad \sin\varphi_1 = \frac{b}{\sqrt{a^2+b^2}}. \tag{22a}$$

Aus dem Vektor $\mathfrak{B}$ konstruiert man sich in ganz entsprechender Weise den Vektor $\mathfrak{C}$. Man macht OG gleich dem Vektor $c\mathfrak{B}$ und GS gleich dem Vektor $jd \cdot \mathfrak{B}$. Dann ist OS der Vektor $\mathfrak{C}$. Nach dieser Konstruktion hat man als Längen

$$\overline{OG} = cB, \quad \overline{GS} = dB, \quad \overline{OS} = C = B\sqrt{c^2+d^2} \tag{22b}$$

oder auch mit einfacher Benutzung der Ausdrücke (22)

$$\overline{OG} = Ac\sqrt{a^2+b^2}; \quad \overline{GS} = Ad\sqrt{a^2+b^2}. \tag{22c}$$

Hierauf fälle man vom Endpunkt S des Vektors $\mathfrak{C}$ ein Lot auf den Vektor $\mathfrak{A}$, das diesen im Punkte H trifft. Man bekommt dadurch die neuen Vektoren OH und HS. Den Vektor $\mathfrak{C}$ kann man dann auch als Summe der Vektoren OH und HS auffassen. Von diesen hat der erste die gleiche Richtung wie der Vektor $\mathfrak{A}$, während der zweite dem Vektor $\mathfrak{A}$ um 90° in der Phase vorauseilt. Es ist demnach im Sinne der Gleichung (21)

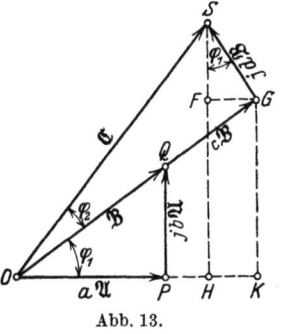

Abb. 13.

$$A\alpha = \overline{OH} \quad \text{und} \quad A\beta = \overline{HS}. \tag{22d}$$

Nun liest man in Abb. 13 leicht ab, nachdem man die Ausdrücke (22d) durch A dividiert hat,

$$\alpha = \frac{\overline{OH}}{A} = \frac{\overline{OK}}{A} - \frac{\overline{KH}}{A}; \quad \beta = \frac{\overline{HS}}{A} = \frac{\overline{FH}}{A} + \frac{\overline{FS}}{A} = \frac{\overline{GK}}{A} + \frac{\overline{FS}}{A},$$

ferner

$$\overline{OK} = \overline{OG} \cdot \cos\varphi_1; \quad \overline{KH} = \overline{FG} = \overline{GS} \cdot \sin\varphi_1;$$
$$\overline{GK} = \overline{OG} \cdot \sin\varphi_1; \quad \overline{FS} = \overline{GS} \cdot \cos\varphi_1.$$

Mit Benutzung von (22a) und (22c) formt man die letzten Ausdrücke um in

$$\overline{OK} = A\,a\,c; \quad \overline{KH} = A\,b\,d; \quad \overline{GK} = A\,b\,c; \quad \overline{FS} = A\,a\,d.$$

Setzt man diese Werte in die Ausdrücke oben für α und β ein, so bekommt man

$$\alpha = (a\,c - b\,d); \quad \beta = (b\,c + a\,d).$$

Damit sind die Größen α und β durch die anderen Größen a, b, c, d, wie gesucht, ausgedrückt. Man hat jetzt nur die Gleichungen (20) und (21) miteinander zu verknüpfen, wobei die eben gewonnenen Ausdrücke für α und β verwertet werden müssen. So gelangt man zu dem angekündigten

Satz 2:

$$(c + j\,d)\,(a + j\,b)\,\mathfrak{A} = \{(a\,c - b\,d) + j\,(b\,c + a\,d)\}\,\mathfrak{A}.$$

Bei der Ableitung des Satzes auf Grund der Abb. 13 wurde stillschweigend vorausgesetzt, daß die Größen a, b, c, d der beiden komplexen Operatoren sämtlich positiv sind. Nichtsdestoweniger gilt der Satz aber auch für alle Fälle, wo einige dieser Größen oder alle negativ sind. Es wäre jedoch unnötig, alle diese Fälle, im ganzen sind es noch drei, hier durchzudiskutieren, wie es entsprechend oben bei der Erklärung des Operators $(a + j\,b)$ geschehen ist. Diese Diskussion möge dem Leser zur Übung vorbehalten bleiben.

Vertauscht man in Satz 2 die Größe c mit a, ebenso d mit b, so bekommt man die Beziehung

$$(a + j\,b)\,(c + j\,d)\,\mathfrak{A} = \{(a\,c - b\,d) + j\,(a\,d + b\,c)\}\,\mathfrak{A}.$$

Die rechte Seite der Gleichung ist unverändert geblieben; auf der linken Seite ist die Reihenfolge der Operatoren vertauscht. Man schließt daraus, daß die Reihenfolge der auf einen Vektor ausgeübten Operatoren für das Ergebnis gleichgültig ist.

Wählt man für die Größen in Satz 2 speziell $c = a$ und $d = -b$, so findet man die Beziehung

$$(a + j\,(-b))\,(a + j\,b)\,\mathfrak{A} = (a^2 + b^2)\,\mathfrak{A}.$$

Der resultierende Operator hat in diesem Fall nur einen reellen Anteil. Man kann demnach durch einen geschickt gewählten Operator und dessen Ausübung auf den bereits mit einem Operator behafteten Vektor diesen von dem komplexen Operator befreien. Dieses Ergebnis macht den Satz 2 zum wichtigsten aller Sätze über Operatoren; auf ihm basieren alle Erfolge der komplexen Symbolik. Zwei Operatoren, wie $(a + jb)$ und $(a + j(-b))$, bei denen die reellen Teile einander gleich sind und die imaginären Teile sich nur durch das Vorzeichen unterscheiden, heißen konjugiert komplexe Operatoren.

Die Vektorgleichung, welche den Satz 2 ausmacht, ist ohne weiteres nicht leicht im Gedächtnis zu behalten. Es wäre aber recht umständlich, wenn man sich die Gleichung jedesmal bei Gebrauch neu ableiten wollte. Aus diesem Grunde ist es sehr zweckmäßig, daß man eine Regel kennt, welche rein formal erlaubt, das Ergebnis des Satzes 2 ohne Mühe hinzuschreiben. Die Regel, später nur noch Grundregel genannt, ist die folgende: „Man betrachte zunächst in den Operatoren $(a + jb)$ und $(c + jd)$, die nacheinander auf den Vektor $\mathfrak{A}$ ausgeübt werden, das Symbol j als eine Zahl, wie a, b, c oder d, und bilde das Produkt der beiden Operatoren. Mittels der elementarsten Methoden der Arithmetik erhält man für das Produkt den Ausdruck $ac + j^2bd + j(ad + bc)$. Hierauf ersetze man j^2 durch -1. Dadurch entsteht aus dem Produkt $ac - bd + j(ad + bc)$, d. h. der resultierende Operator der beiden Operatoren $(a + jb)$ und $(c + jd)$." Die hiermit erläuterte Regel erfüllt in jeder Hinsicht ganz die Ansprüche, welche man an eine Gedächtnisregel überhaupt stellen kann. Interessant an der Grundregel ist noch die Identifizierung von j^2 mit -1, wodurch der Anschluß an die komplexe Arithmetik erreicht ist. Man darf jedoch nicht übersehen, daß das Gleichsetzen von j^2 und -1 in der Zwischenrechnung nur den Sinn haben kann, den ersten Widerspruch, j als gewöhnliche Zahl betrachtet zu haben, durch einen zweiten Widerspruch, j^2 und -1 gleichzusetzen, nachträglich wieder aufzuheben.

Auf jeden Fall kann man aber ganz auf die Grundregel verzichten, wenn man es unbedingt will, und sich stets an den korrekten Satz 2 halten. Führt man dies konsequent durch, d. h. stellt man sich vollständig auf den extremen Standpunkt, daß j nur ein Symbol ist, das ohne den zugehörigen Vektor keinen Sinn hat, so wird man nie nötig haben, das Symbol j einmal irgendwie mit algebraischen Zahlen vergleichen zu müssen.

Vor Abschluß dieser ersten Betrachtungen über das Rechnen mit komplexen Symbolen erscheint es zweckmäßig, noch einen

Satz abzuleiten, der sich bei Zwischenrechnungen sehr oft aufdrängt und formuliert werden soll als

Satz 3: Sind zwei beliebige Vektoren $\mathfrak{A}$ und $\mathfrak{B}$ sowie ein komplexer Operator $(a + jb)$, der ebenfalls beliebig ist, gegeben, so gilt die Identität

$$(a + jb)(\mathfrak{A} + \mathfrak{B}) = (a + jb)\mathfrak{A} + (a + jb)\mathfrak{B}.$$

Beweis: Man kann $\mathfrak{B}$ durch $\mathfrak{A}$ darstellen, etwa in der Form $(\alpha + j\beta)\mathfrak{A}$. Dann ist der Vektor $\mathfrak{A} + \mathfrak{B}$ nach Satz 1

$$\mathfrak{A} + \mathfrak{B} = \mathfrak{A} + (\alpha + j\beta)\mathfrak{A} = \{(1 + \alpha) + j\beta\}\mathfrak{A},$$

woraus für die linke Seite der Identität mit Benutzung von Satz 2 folgt

$$(a + jb)(\mathfrak{A} + \mathfrak{B}) = (a + jb)\{(1 + \alpha) + j\beta\}\mathfrak{A}$$
$$= \{(a + a\alpha - b\beta) + j(b + b\alpha + a\beta)\}\mathfrak{A}.$$

Für die rechte Seite der Identität in Satz 3 erhält man zunächst nach Satz 2

$$(a + jb)\mathfrak{A} + (a + jb)(\alpha + j\beta)\mathfrak{A}$$
$$= (a + jb)\mathfrak{A} + \{(a\alpha - b\beta) + j(b\alpha + a\beta)\}\mathfrak{A},$$

dann, nach Anwendung von Satz 1,

$$\{(a + a\alpha - b\beta) + j(b + b\alpha + a\beta)\}\mathfrak{A}.$$

Das ist aber derselbe Ausdruck wie der für die linke Seite der Identität gefundene Ausdruck, was zu beweisen war.

Dieser Satz, ebenso wie Satz 1, sind außerordentlich leicht zu merken und formal verständlich, wenn man j wieder als gewöhnliche Zahl betrachtet, ebenso die Vektoren $\mathfrak{A}$ und $\mathfrak{B}$, darauf die Multiplikationen bzw. Additionen ausführt.

Die im vorhergehenden abgeleiteten drei Sätze reichen aus, um sämtliche Operationen mit komplexen Operatoren auszuführen. Es kann daher jetzt zur Anwendung der Symbole auf Probleme mit Wechselstromgrößen geschritten werden.

6. Einfache Vektorgleichungen.

Als erste Anwendungen der Begriffe und abgeleiteten Regeln der komplexen Symbolik mögen die im 4. Kapitel geometrisch behandelten Beispiele durchgerechnet werden. Dazu ist es aber noch nötig, die im gleichen Kapitel aufgestellten Beziehungen zwischen Strom- und Spannungsvektoren bei Ohmschen Widerständen, Induktivitäten und Kapazitäten symbolisch zu erfassen.

An den Enden eines Ohmschen Widerstandes R tritt eine Spannung e auf, deren Zeitvektor $\mathfrak{E}_R$ dem Stromvektor $\mathfrak{J}$ entgegengesetzt gerichtet ist und deren Amplitude gleich RJ ist. Diese Beziehung lautet wegen Definition 1 symbolisch

$$\mathfrak{E}_R = -R\mathfrak{J}. \tag{23}$$

Ebenso war gefunden, daß die in einer Induktivität L erzeugte Spannung e_L einen Zeitvektor $\mathfrak{E}_L$ hat, der dem Stromvektor $\mathfrak{J}$ gegenüber um 90° im Sinne der Nacheilung gedreht ist und dessen Amplitude $\omega L J$ beträgt. Symbolisch drückt dies, vermöge Definition 1 und 2, die folgende Gleichung aus

$$\mathfrak{E}_L = -j\omega L \mathfrak{J} = j(-\omega L \mathfrak{J}). \tag{24}$$

Für die durch eine Gegeninduktivität M erzeugte Spannung e_M lautet die Beziehung zwischen Spannungsvektor und Stromvektor ganz analog

$$\mathfrak{E}_M = -j\omega M \mathfrak{J} = j(-\omega M \mathfrak{J}). \tag{24a}$$

Schließlich war noch festgestellt, daß der Vektor $\mathfrak{E}_C$ der Spannung an einem Kondensator C dem Stromvektor $\mathfrak{J}$ um 90° voreilt und den Betrag $J/\omega C$ hat. Der symbolische Ausdruck dafür ist

$$\mathfrak{E}_C = j\frac{1}{\omega C}\mathfrak{J} \tag{25}$$

oder auch, weil der Stromvektor dem Spannungsvektor nacheilt,

$$\mathfrak{J} = -j\omega C \mathfrak{E}_C = j(-\omega C \mathfrak{E}_C). \tag{25a}$$

1. Beispiel. Nunmehr möge das erste der genannten Beispiele vorgenommen werden, das sich auf die Serienschaltung von Ohmschem Widerstand R, Selbstinduktivität L und Kapazität C bezieht. Die Schaltung ist in Abb. 4 gezeigt. In dem Stromkreis treten vier Spannungen auf. Deren Zeitvektoren sind:

1. an der Spannungsquelle: $\mathfrak{U}$,
2. am Ohmschen Widerstand: $-R\mathfrak{J}$,
3. an der Selbstinduktion: $-j\omega L \mathfrak{J} = j(-\omega L \mathfrak{J})$,
4. an der Kapazität: $j\dfrac{1}{\omega C}\mathfrak{J}$.

Die Summe der Zeitvektoren muß nach dem Ohmschen Gesetz gleich Null sein. Diese Überlegung gibt

$$\mathfrak{U} - R\mathfrak{J} + j(-\omega L \mathfrak{J}) + j\frac{1}{\omega C}\mathfrak{J} = 0. \tag{26}$$

Schafft man die Vektoren außer $\mathfrak{U}$ auf die andere Seite der Gleichung, so kommt

$$\mathfrak{U} = R\mathfrak{J} + j\omega L \mathfrak{J} + j\left(-\frac{1}{\omega C}\right)\mathfrak{J}$$

oder in der festgesetzten Schreibweise nach Anwendung von Satz 1

$$\mathfrak{U} = \left\{R + j\left(\omega L - \frac{1}{\omega C}\right)\right\}\mathfrak{J}. \tag{26a}$$

Wenn $\mathfrak{J}$ vorgegeben ist, so enthält die Gleichung (26a) die Lösung der Aufgabe, weil aus ihr unmittelbar die Amplitude U und der Phasenwinkel zwischen $\mathfrak{U}$ und $\mathfrak{J}$ entnommen werden kann. Aus den Gleichungen (16) und (17) bekommt man sofort

$$U = J\sqrt{R^2 + \left(\omega L - \frac{1}{\omega C}\right)^2}, \tag{26b}$$

$$\operatorname{tg}\varphi = \frac{\omega L - \dfrac{1}{\omega C}}{R}. \tag{26c}$$

Aber auch wenn die Spannung U vorgesehen ist, enthalten die Gleichungen (26b) und (26c) alles, was benötigt wird, so daß nichts zu wünschen übrigbleibt. Trotzdem soll die Gleichung (26a) so umgeformt werden, daß der Vektor $\mathfrak{J}$ vom komplexen Symbol befreit erscheint.

Die Gleichung (26a) repräsentiert einen Vektor, der gegen den Stromvektor $\mathfrak{J}$ um den durch die Gleichung (26c) definierten Winkel φ im Sinne der Voreilung gedreht ist. Um auf einen Vektor in Richtung von $\mathfrak{J}$ zu kommen, ist es nur nötig, diesen Vektor um denselben Winkel φ zurückzudrehen. Symbolisch heißt das: Man übe auf den Vektor den Operator, wie bei der Besprechung über die Anwendung des Satzes 2 hingewiesen worden war,

$$R + j\left(\frac{1}{\omega C} - \omega L\right)$$

oder noch besser den Operator

$$\frac{R}{R^2 + \left(\omega L - \dfrac{1}{\omega C}\right)^2} + j\frac{-\left(\omega L - \dfrac{1}{\omega C}\right)}{R^2 + \left(\omega L - \dfrac{1}{\omega C}\right)^2}$$

aus. Dann wird der resultierende Operator vor dem Vektor $\mathfrak{J}$ nach Satz 2

$$\frac{R^2}{R^2+\left(\omega L-\dfrac{1}{\omega C}\right)^2}+\frac{\left(\omega L-\dfrac{1}{\omega C}\right)^2}{R^2+\left(\omega L-\dfrac{1}{\omega C}\right)^2}$$

$$+j\left\{\frac{R\left(\omega L-\dfrac{1}{\omega C}\right)}{R^2+\left(\omega L-\dfrac{1}{\omega C}\right)^2}+\frac{-R\left(\omega L-\dfrac{1}{\omega C}\right)}{R^2+\left(\omega L-\dfrac{1}{\omega C}\right)^2}\right\}=1.$$

Die Gleichung (26a) geht damit über in die folgende

$$\mathfrak{J}=\left\{\frac{R}{R^2+\left(\omega L-\dfrac{1}{\omega C}\right)^2}+j\,\frac{-\left(\omega L-\dfrac{1}{\omega C}\right)}{R^2+\left(\omega L-\dfrac{1}{\omega C}\right)^2}\right\}\mathfrak{U}, \qquad (27)$$

welche den gesuchten Ausdruck für den Vektor $\mathfrak{J}$ darstellt. Dieser Ausdruck, verwertet für die Gleichungen (16) und (17), welche das Amplitudenverhältnis und die Phasenverschiebung berechnen, gibt weiterhin

$$J=U\cdot\sqrt{\frac{R^2+\left(\omega L-\dfrac{1}{\omega C}\right)^2}{\left\{R^2+\left(\omega L-\dfrac{1}{\omega C}\right)^2\right\}^2}}=\frac{U}{\sqrt{R^2+\left(\omega L-\dfrac{1}{\omega C}\right)^2}},$$

$$\operatorname{tg}\varphi=-\frac{\omega L-\dfrac{1}{\omega C}}{R},$$

was mit den Gleichungen (26b) und (26c) übereinstimmt. Die letzte Gleichung sagt aus, daß $\mathfrak{J}$ dem Vektor $\mathfrak{U}$ um einen Winkel vorauseilt, dessen Tangente durch den angegebenen negativen Ausdruck bestimmt ist, oder daß $\mathfrak{J}$ um einen Winkel nacheilt, dessen Tangente durch einen gleich großen, aber positiven Ausdruck bestimmt ist. Das ist dieselbe Aussage wie die der Gleichung (26c).

2. Beispiel. Als nächstes Beispiel nehme man die Schaltung der Abb. 6 unter Beibehaltung der dortigen Bezeichnungen. Im Knotenpunkt K_1 muß nach der Kirchhoffschen Regel in der Vektorfassung sein

$$\mathfrak{J}=\mathfrak{J}_L+\mathfrak{J}_C. \qquad (28)$$

Der Zeitvektor der Spannung am Kondensator ist gleich dem der Spannung an der Serienschaltung vom Ohmschen Widerstand R und der Drosselspule L und muß mit dem Zeitvektor der Klemmenspannung U nach dem Ohmschen Gesetz Null ergeben. Diese Überlegung liefert die beiden Gleichungen

$$\mathfrak{U} + j\frac{1}{\omega C}\mathfrak{J}_C = 0 \tag{28a}$$

$$\mathfrak{U} + (-R + j(-\omega L))\mathfrak{J}_C = 0. \tag{28b}$$

Aus diesen Gleichungen muß man die Vektoren $\mathfrak{J}_C$ und $\mathfrak{J}_L$ durch den Vektoren $\mathfrak{U}$ ersetzen und in die Gleichung (28) einführen. Zunächst schafft man zweckmäßigerweise die Vektoren auf verschiedene Seiten der Gleichungen wie folgt

$$j\frac{1}{\omega C}\mathfrak{J}_C = -\mathfrak{U}; \quad (R + j\omega L)\mathfrak{J}_L = \mathfrak{U}. \tag{29}$$

Hierauf übt man auf die erste Gleichung den Operator $j(-\omega C) = -j\omega C$, auf die zweite den Operator

$$\frac{R}{R^2 + \omega^2 L^2} + j\frac{-\omega L}{R^2 + \omega^2 L^2}.$$

Dann liefert der Satz 2 (Grundregel)

$$j(-\omega C)\cdot j\frac{1}{\omega C}\mathfrak{J}_C = \mathfrak{J}_C = j\omega C\mathfrak{U},$$

$$\left(\frac{R}{R^2 + \omega^2 L^2} + j\frac{-\omega L}{R^2 + \omega^2 L^2}\right)(R + j\omega L)\mathfrak{J}_L = \mathfrak{J}_L$$
$$= \left(\frac{R}{R^2 + \omega^2 L^2} + j\frac{-\omega L}{R^2 + \omega^2 L^2}\right)\mathfrak{U}.$$

Geht man mit diesen Werten für $\mathfrak{J}_L$ und $\mathfrak{J}_C$ in die Gleichung (28) ein, so bekommt man

$$\mathfrak{J} = \left(\frac{R}{R^2 + \omega^2 L^2} + j\frac{-\omega L}{R^2 + \omega^2 L^2}\right)\mathfrak{U} + j\omega C\mathfrak{U}$$

oder endlich nach Satz 1

$$\mathfrak{J} = \left\{\frac{R}{R^2 + \omega^2 L^2} + j\left(\omega C - \frac{\omega L}{R^2 + \omega^2 L^2}\right)\right\}\mathfrak{U}. \tag{30}$$

Damit ist $\mathfrak{J}$ durch $\mathfrak{U}$ völlig bestimmbar.

In der vorliegenden Aufgabe interessiert aber noch das Verhältnis der Amplituden von $\mathfrak{J}_L$ und $\mathfrak{J}$. Um das zu erhalten, verbinde man zunächst die Gleichungen (29) miteinander. Diese Überlegung gibt

$$j\left(-\frac{1}{\omega C}\right)\mathfrak{J}_C = (R + j\omega L)\mathfrak{J}_L.$$

Übt man auf beide Vektoren der Gleichung den Operator $j\omega C$ aus, so gibt der Satz 2 sofort

$$\mathfrak{J}_C = j\omega C \cdot (R + j\omega L)\mathfrak{J}_L = (-\omega^2 LC + j\omega RC)\mathfrak{J}_L.$$

Dieses Ergebnis, eingesetzt in die Gleichung (28), liefert weiter

$$\mathfrak{J} = \mathfrak{J}_L + (-\omega^2 LC + j\omega CR)\mathfrak{J}_L$$

oder nach Satz 1

$$\mathfrak{J} = \{(1 - \omega^2 LC) + j\omega CR)\}\mathfrak{J}_L. \tag{31}$$

Daraus ergibt die Gleichung (16) sofort das Amplitudenverhältnis

$$\frac{J}{J_L} = \sqrt{(1 - \omega^2 LC)^2 + \omega^2 C^2 R^2}. \tag{31a}$$

Für den Fall, daß zwischen L und C die Beziehung besteht $\omega^2 LC = 1$, wenn also der Stromkreis in Resonanz mit der Netzfrequenz ist, vereinfachen sich die Gleichungen (30) und (31a) bedeutend. Eine mühelose Rechnung zeigt

$$\mathfrak{J} = \frac{R}{R^2 + \omega^2 L^2}\left(1 + j\frac{R}{\omega L}\right)\mathfrak{U}, \tag{30a}$$

$$\frac{J}{J_L} = \omega CR = \frac{R}{\omega L}. \tag{31b}$$

Ist insbesondere der Ohmsche Widerstand R klein gegen den induktiven Widerstand ωL der Spule, so hat man, weil die Komponente von $\mathfrak{J}$ senkrecht zu $\mathfrak{U}$ gegenüber der Komponente in Richtung von $\mathfrak{U}$ vernachlässigt werden kann, statt (30a)

$$\mathfrak{J} = \frac{R}{\omega^2 L^2}\mathfrak{U} = \frac{RC}{L}\mathfrak{U}. \tag{30b}$$

Der Stromkreis wirkt wie ein Ohmscher Widerstand von der Größe L/RC. Gleichzeitig ist die Stromamplitude J_L im Schwingungskreis groß gegen die Amplitude des Netzstromes J. Aus dem genannten Grunde führt diese Schaltung in der Radiotechnik den Namen Schwungradschaltung.

3. Beispiel. Für das dritte Schaltungsbeispiel nach Abb. 8 kann man sofort die beiden Vektorgleichungen anschreiben, die durch die beiden Vektorpolygone OPQ und $OSTV$ in Abb. 9 gegeben werden,

$$-R_2\mathfrak{J}_2 - j\omega L_2\mathfrak{J}_2 - j\omega M\mathfrak{J}_1 = 0, \tag{31}$$

$$\mathfrak{U}_1 - R_1\mathfrak{J}_1 - j\omega L_1\mathfrak{J}_1 - j\omega M\mathfrak{J}_2 = 0. \tag{32}$$

Aus Gleichung (31) läßt sich $\mathfrak{J}_2$ durch $\mathfrak{J}_1$ symbolisch ausdrücken wie folgt

$$(R_2 + j\omega L_2)\mathfrak{J}_2 = -j\omega M \mathfrak{J}_1 = j(-\omega M)\mathfrak{J}_1.$$

Übt man auf diese Vektorgleichung den Operator

$$\frac{R_2}{R_2^2 + \omega^2 L_2^2} + j\frac{-\omega L_2}{R_2^2 + \omega L_2^2}$$

aus, so gibt der Satz 2 in bekannter Weise

$$\mathfrak{J}_2 = \left(\frac{-\omega^2 M L_2}{R_2^2 + \omega^2 L_2^2} + j\frac{-\omega M R_2}{R_2^2 + \omega^2 L_2^2}\right)\mathfrak{J}_1.$$

Nun folgt damit aus Gleichung (32) leicht

$$\mathfrak{U}_1 = R_1 \mathfrak{J}_1 + j\omega L_1 \mathfrak{J}_1 + j\omega M \left(\frac{-\omega^2 M L_2}{R_2^2 + \omega^2 L_2^2} + j\frac{-\omega M R_2}{R_2^2 + \omega^2 L_2^2}\right)\mathfrak{J}_1$$

und durch Anwendung von Satz 2 sowie Satz 1

$$\mathfrak{U}_1 = \left\{\left(R_1 + R_2\frac{\omega^2 M^2}{R_2^2 + \omega^2 L_2^2}\right) + j\omega\left(L_1 - L_2\frac{\omega^2 M^2}{R_2^2 + \omega^2 L_2^2}\right)\right\}\mathfrak{J}_1. \quad (33)$$

Aus dieser Vektorbeziehung kann das Amplitudenverhältnis U_1/J_1 und der Phasenwinkel φ_1 unmittelbar entnommen werden. Diese Rechnung ist so einfach, daß sie hier nicht ausgeführt werden soll, um so mehr als das Ergebnis bereits früher bei der geometrischen Behandlung derselben Aufgabe mitgeteilt worden ist.

7. Allgemeine Folgerungen.

Bevor zu weiteren Anwendungen übergegangen werden soll, erscheint es am Platze, noch einige allgemeine, aber höchst einfache Folgerungen über das Rechnen mit komplexen Symbolen einzufügen. Es wird sich dabei zeigen, daß die Methoden der komplexen Rechnung in den vorhergehend behandelten Beispielen im wesentlichen bereits zur Geltung gekommen sind.

Bei der Ableitung des Satzes 2 und der wichtigen Grundregel wurde der durch die beiden Gleichungen

$$\mathfrak{B} = (a + jb)\mathfrak{A},$$
$$\mathfrak{C} = (c + jd)\mathfrak{B}$$

definierte Vektor $\mathfrak{C}$ in der gekürzten Weise geschrieben

$$\mathfrak{C} = (c + jd)(a + jb)\mathfrak{A}.$$

Allgemeine Folgerungen.

Es ist nur sinngemäß, wenn man den durch n analoge Gleichungen

$$\left.\begin{array}{l}\mathfrak{A}_1 = (a_1 + jb_1)\mathfrak{A}, \\ \mathfrak{A}_2 = (a_2 + jb_2)\mathfrak{A}_1, \\ \dots\dots\dots\dots\dots \\ \dots\dots\dots\dots\dots \\ \mathfrak{A}_n = (a_n + jb_n)\mathfrak{A}_{n-1}\end{array}\right\} \quad (34)$$

definierten Vektor schreibt

$$\mathfrak{A}_n = (a_n + jb_n)\dots(a_2 + jb_2)(a_1 + jb_1)\mathfrak{A}. \quad (34\mathrm{a})$$

Um den Vektor $\mathfrak{A}_n$ auf die vereinfachte und immer mögliche Form $(\alpha + j\beta)\mathfrak{A}$ zu bringen, wende man den Satz 2 bzw. die Grundregel auf den Vektor $\mathfrak{A}_2$ an. Diese geben übereinstimmend

$$\mathfrak{A}_2 = (a_2 + jb_2)(a_1 + jb_1)\mathfrak{A} = \{(a_1 a_2 - b_1 b_2) + j(a_1 b_2 + a_2 b_1)\}\mathfrak{A}.$$

Das Gleichungssystem (34) geht damit in das folgende über

$$\left.\begin{array}{l}\mathfrak{A}_2 = \{(a_1 a_2 - b_1 b_2) + j(a_1 b_2 + a_2 b_1)\}\mathfrak{A}, \\ \mathfrak{A}_3 = (a_3 + jb_3)\mathfrak{A}_2, \\ \dots\dots\dots\dots\dots\dots \\ \mathfrak{A}_n = (a_n + jb_n)\mathfrak{A}_{n-1},\end{array}\right\} \quad (34\mathrm{b})$$

das nur noch aus $(n-1)$ Gleichungen besteht. Man kann hieraus $\mathfrak{A}_3$ direkt durch $\mathfrak{A}$ darstellen wie vorhin $\mathfrak{A}_2$. Dazu ist gemäß der Grundregel nur $(a_3 + jb_3)$ mit $\{(a_1 a_2 - b_1 b_2) + j(a_1 b_2 + a_2 b_1)\}$ zu multiplizieren und nachträglich j^2 durch -1 zu ersetzen. Das Gleichungssystem, welches $\mathfrak{A}_n$ definiert, vermindert sich weiter um eine Gleichung. Nun ist es möglich, $\mathfrak{A}_4$ direkt durch $\mathfrak{A}$ auszudrücken. Indem man in der angegebenen Weise fortschreitet, gelangt man nach genügender Wiederholung zu der vereinfachten Form $(\alpha + j\beta)\mathfrak{A}$ für den Vektor $\mathfrak{A}_n$. Es leuchtet unmittelbar ein, daß der Ausdruck $(\alpha + j\beta)$ so durch schrittweises Multiplizieren der Faktoren $(a_1 + jb_1)$, $(a_2 + jb_2)$, ... $(a_n + jb_n)$ entsteht, wobei nach jeder einzelnen ausgeführten Multiplikation das Quadrat von j durch -1 ersetzt wird. Man übersieht aber sofort, daß es nicht nötig ist, nach jeder Multiplikation j^2 immer durch -1 zu ersetzen. Man kann ebenso richtig die Potenzen von j zunächst stehen lassen und gelangt dann allmählich zu höheren Potenzen von j, die zum Schluß nur richtig gedeutet werden müssen. Dazu ist zu bedenken, daß j^3 aus dem Produkt von j^2 und j hervorgeht, also gleich $-j$ zu nehmen ist. Ganz ähnlich ist weiter, weil beim Multiplizieren mit einem neuen Faktor die Potenzen von j gerade um 1 zunehmen,

$$\left.\begin{array}{l}j^4 = j^3 \cdot j = -j \cdot j = 1, \\ j^5 = j^4 \cdot j = j, \\ j^6 = j^5 \cdot j = j \cdot j = -1, \\ j^7 = j^6 \cdot j = -j, \\ j^8 = j^7 \cdot j = -j \cdot j = 1 \\ \text{usw.}\end{array}\right\} \quad (34\text{c})$$

Beim Ausmultiplizieren der als Zahlen gedachten Operatoren ist die Reihenfolge der Operatoren (Faktoren) gleichgültig. Daraus folgt, daß in der Definitionsgleichung (34a) bzw. (34) die Reihenfolge der ausgeübten Operatoren bzw. der Zwischenvektoren $\mathfrak{A}_1$ bis $\mathfrak{A}_{n-1}$ keinen Einfluß auf das Ergebnis hat.

Übungsbeispiel. Man weise durch schrittweise Anwendung der Grundregel oder des Satzes 2 nach, daß die beiden folgenden Gleichungen zu Recht bestehen:

$$(4 + j\,3)(2 + j\,5)(3 + j)\,\mathfrak{A} = (-47 + j\,71)\,\mathfrak{A};$$
$$(2 + j)(11 - j\,3)(3 + j\,2)(1 + j(-1))\,\mathfrak{A} = 130\,\mathfrak{A}.$$

Nach dem Vorgenannten ist die allgemeine Gleichung zwischen zwei beliebigen Vektoren $\mathfrak{A}$ und $\mathfrak{B}$, welche lautet

$$\left.\begin{array}{l}(c_n + j d_n) \ldots (c_2 + j d_2)(c_1 + j d_1)\,\mathfrak{B} \\ = (a_n + j b_n) \ldots (a_2 + j b_2)(a_1 + j b_1)\,\mathfrak{A},\end{array}\right\} \quad (35)$$

ohne weiteres klar.

Um aus dieser Gleichung den Vektor $\mathfrak{B}$ in direkter Weise durch den Vektor $\mathfrak{A}$ darzustellen, vereinfacht man die Operatoren vor $\mathfrak{B}$ und $\mathfrak{A}$ auf dem oben angegebenen Wege. Die Vektorgleichung (35) wird dann immer die Gestalt annehmen

$$(\gamma + j\delta)\,\mathfrak{B} = (\alpha + j\beta)\,\mathfrak{A}. \quad (35\text{a})$$

Aus dieser Gleichung kann man auf bereits bekanntem Wege den Vektor $\mathfrak{B}$ durch den Vektor $\mathfrak{A}$, oder auch umgekehrt $\mathfrak{A}$ durch $\mathfrak{B}$, bestimmen. Dazu übe man auf beide Seiten der Gleichung den Operator

$$\frac{\gamma}{\gamma^2 + \delta^2} + j\frac{-\delta}{\gamma^2 + \delta^2}$$

aus. Mittels Satz 2 oder der Grundregel folgt darauf

$$\mathfrak{B} = \left(\frac{\alpha\gamma + \beta\delta}{\gamma^2 + \delta^2} + j\frac{-\alpha\delta + \beta\gamma}{\gamma^2 + \delta^2}\right)\mathfrak{A}. \quad (35\text{b})$$

Allgemeine Folgerungen.

Damit ist die Gleichung (35) gelöst. Man hätte zum Ausdruck in Gleichung (35b) auch kommen können, wenn man die Gleichung (35) rein formal in die folgende umgeschrieben

$$\mathfrak{B} = \frac{(a_n + jb_n) \ldots (a_2 + jb_2)(a_1 + jb_1)}{(c_n + jd_n) \ldots (c_2 + jd_2)(c_1 + jd_1)} \mathfrak{A},$$

dann Zähler und Nenner vor $\mathfrak{A}$ durch Ausmultiplizieren nach der Grundregel für sich vereinfacht hätte, wodurch entstanden wäre entsprechend Gleichung (35a)

$$\mathfrak{B} = \frac{\alpha + j\beta}{\gamma + j\delta} \mathfrak{A}.$$

Nach Erweiterung mit $\gamma - j\delta$, der konjugiert komplexen Zahl, und weiterer Anwendung der Grundregel auf Zähler und Nenner käme hierauf

$$\mathfrak{B} = \left(\frac{\alpha\gamma + \beta\delta}{\gamma^2 + \delta^2} + j\frac{-\alpha\delta + \beta\gamma}{\gamma^2 + \delta^2}\right)\mathfrak{A},$$

ein Ausdruck, der mit dem in Gleichung (35c), wie der Vergleich zeigt, identisch ist.

Sind drei beliebige Vektoren $\mathfrak{C}$, $\mathfrak{B}$ und $\mathfrak{A}$ gegeben, so kann man fordern, daß zwei Gleichungen von denselben befriedigt werden müssen. Diese seien

$$\left.\begin{array}{l}(a_1 + jb_1)\mathfrak{B} + (c_1 + jd_1)\mathfrak{C} = (m_1 + jn_1)\mathfrak{A},\\ (a_2 + jb_2)\mathfrak{B} + (c_2 + jd_2)\mathfrak{C} = (m_2 + jn_2)\mathfrak{A}.\end{array}\right\} \quad (36)$$

Hierin kann man die symbolischen Operatoren $(a+jb)$, $(c+jd)$, $(m+jn)$ aus zusammengesetzten Operatoren nach Definitionsgleichung (34a) entstanden denken.

Um z. B. den Vektor $\mathfrak{B}$ direkt durch den Vektor $\mathfrak{A}$ darzustellen, was das Ziel der Aufgabe ist, übe man auf die erste Gleichung den Operator (c_2+jd_2) und auf die zweite Gleichung den Operator (c_1+jd_1) aus. Wegen Satz 3 darf man diese Operation auf der linken Seite der Gleichungen gliedweise vornehmen. Das Ergebnis ist

$$\left.\begin{array}{l}(c_2 + jd_2)(a_1 + jb_1)\mathfrak{B} + (c_2 + jd_2)(c_1 + jd_1)\mathfrak{C}\\ = (c_2 + jd_2)(m_1 + jn_1)\mathfrak{A},\\ (c_1 + jd_1)(a_2 + jb_2)\mathfrak{B} + (c_1 + jd_1)(c_2 + jd_2)\mathfrak{C}\\ = (c_1 + jd_1)(m_2 + jn_2)\mathfrak{A}.\end{array}\right\} \quad (36a)$$

Diese Gleichungen, welche ja nichts anderes als Vektoren darstellen, darf man, indem man der einen das umgekehrte Vorzeichen gibt, vektoriell addieren. Es ergibt sich dadurch eine Vektorgleichung, die nur die Vektoren $\mathfrak{B}$ und $\mathfrak{A}$ enthält. Denn die Vektoren $(c_2 + jd_2)(c_1 + jd_1)\mathfrak{C}$ und $(c_1 + jd_1)(c_2 + jd_2)\mathfrak{C}$ sind identisch und heben sich beim Addieren mit dem entgegengesetzten Vorzeichen weg. Die Operatoren vor $\mathfrak{B}$ und $\mathfrak{A}$ in der neuen Gleichung werden nach der Grundregel vereinfacht. Die weitere Auflösung, etwa nach $\mathfrak{B}$, geschieht hierauf in der oben angegebenen Weise.

Ein Beispiel für 2 Vektorgleichungen mit 3 Vektoren, gemäß (36), ist das vorhin im vorhergehenden Kapitel behandelte 3. Beispiel. Dort treten die Vektoren $\mathfrak{U}_1$, $\mathfrak{J}_1$ und $\mathfrak{J}_2$ auf.

Ganz ähnlich geschieht die Auflösung von Vektorgleichungen, wenn n unbekannte Vektoren aus n Gleichungen durch einen bekannten Vektor ausgedrückt werden sollen. Es leuchtet ohne weiteres ein, daß, wie schon das Beispiel mit zwei unbekannten Vektoren zeigt, die Lösungsmethode formal ganz dieselbe ist wie die in der Arithmetik angewandte Methode bei der Auflösung von n linearen Gleichungen mit n Unbekannten. Dabei ist j wie eine gewöhnliche Zahl aufzufassen, mit der wie mit anderen unbestimmten Zahlen gerechnet werden kann. Die unbekannten Vektoren entsprechen den Unbekannten der Arithmetik. Der bekannte Vektor ist einfach ein konstanter Faktor. Im allgemeinen erhält man für jeden unbekannten Vektor nach ausgeführter Auflösung einen Ausdruck, der im Zähler und Nenner die Größe j in beliebigen Potenzen führt. Zunächst werden diese Potenzen von j auf j selbst zurückgeführt, wie das die Gleichungen (34c) zeigen. Hierauf wird der Nenner mit der ihm konjugiert komplexen Zahl erweitert, so daß die Größe j im Nenner nach der Grundregel verschwindet. Sieht man endlich j wieder als reines Symbol an, so hat man die gesuchte Lösung des unbekannten Vektors. Zusammenfassend kann man sagen: Für alle Zwischenrechnungen darf man j als reine Zahl ansehen, deren Quadrat mit -1 identisch ist; bei der Deutung der Lösung jedoch ist j nur das bekannte Symbol.

Übungsbeispiel. Man bestimme aus den beiden Gleichungen

$$(2 + j)\mathfrak{B} + (2 + j(-3))\mathfrak{C} = (1 + j)\mathfrak{A},$$
$$(1 + j2)\mathfrak{B} + (3 + j2)\mathfrak{C} = (1 + j3)\mathfrak{A}$$

den Vektor $\mathfrak{B}$ vermittelst $\mathfrak{A}$.

Durch Ausübung der Operatoren $(2+j(-3))$ und $(3+j2)$ folgt
$$(4+j7)\mathfrak{B} + (12+j(-5))\mathfrak{C} = (1+j5)\mathfrak{A},$$
$$(8+j)\mathfrak{B} + (12+j(-5))\mathfrak{C} = (11+j3)\mathfrak{A}.$$
Subtrahieren der ersten Gleichung von der zweiten ergibt
$$\mathfrak{B} = \frac{10+j(-2)}{4+j(-6)}\mathfrak{A}$$
und schließlich Erweitern mit der Zahl $4+j6$
$$\mathfrak{B} = (1+j(-1))\mathfrak{A}.$$

8. Ersatzschaltung für eine Leitung mit verteilter Kapazität, Induktivität und Ohmschen Widerstand.

Um an einem Zahlenbeispiel die angegebenen allgemeinen Regeln zu erläutern, möge die in der untenstehenden Abb. 14 wiedergegebene Schaltung durchgerechnet werden. Eine solche Schaltung legt man gewöhnlich als Ersatzschaltung der Berechnung von Fernleitungen mit verteilter Kapazität, Induktivität und Ohmschem Widerstand zugrunde.

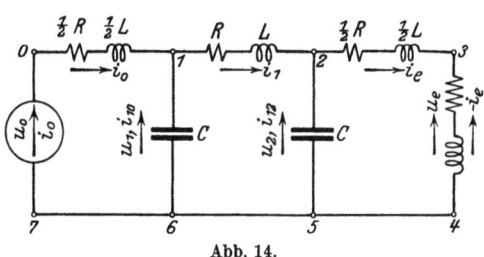

Abb. 14.

Die hier angegebenen Werte von R, L und C entsprechen einer Fernleitung von rund 100 km Länge. Der gesamte Ohmsche Widerstand der Leitung ist $2R$, die gesamte Induktivität $2L$ und die gesamte Kapazität $2C$. Die Frequenz ist normal zu 50 Hertz angenommen. Die Bezeichnung der einzelnen Spannungen und Ströme sowie die positiven Richtungen sind der Abbildung zu entnehmen.

Es seien gegeben
$$R = 10\,\Omega; \quad \omega L = 20\,\Omega; \quad 1/\omega C = 5000\,\Omega;$$
$$R_e = 400\,\Omega \text{ bzw. } = \infty; \quad \omega L_e = 300\,\Omega \text{ bzw. } = \infty.$$

a) Leitung am Ende offen ($R_e = \infty$, $\omega L_e = \infty$). Zuerst soll der einfachere Fall behandelt werden, daß die Schaltungselemente R_e, L_e fehlen, die Leitung also bei den Punkten *3* und *4* geöffnet ist.

Wegen der gemachten Annahme fließt im Leitungsstück *2—3* kein Strom. Der Stromvektor $\mathfrak{J}_e$ ist gleich Null, ferner ist der Spannungsvektor $\mathfrak{U}_2 = \mathfrak{U}_e$. Für den Vektor $\mathfrak{J}_{12}$, der dem Strom im Kondensator zwischen *2—5* entspricht, erhält man

$$\mathfrak{J}_{12} = -j\omega C \mathfrak{U}_e = -j\frac{\mathfrak{U}_e}{5000}. \tag{37}$$

Die Kirchhoffsche Regel in der Vektorfassung ergibt für den Knotenpunkt *2*

$$\mathfrak{J}_e = 0 = \mathfrak{J}_1 + \mathfrak{J}_{12} = \mathfrak{J}_1 - j\frac{\mathfrak{U}_e}{5000}$$

oder, was dasselbe ist,

$$\mathfrak{J}_1 = j\frac{\mathfrak{U}_e}{5000}. \tag{37a}$$

Setzt man das Ohmsche Gesetz für den geschlossenen Stromkreis *6—1—2—5* an, so folgt

$$\mathfrak{U}_1 - R\mathfrak{J}_1 - j\omega L \mathfrak{J}_1 - \mathfrak{U}_e = \mathfrak{U}_1 - (10 + j\,20)\mathfrak{J}_1 - \mathfrak{U}_e = 0,$$

daraus wieder $\quad \mathfrak{U}_1 = (10 + j\,20)\mathfrak{J}_1 + \mathfrak{U}_e.$

Hierin ist $\mathfrak{J}_1$ durch Gleichung (37a) zu ersetzen. Die Sätze 2 und 1 liefern dann

$$\mathfrak{U}_1 = (10 + j\,20)j\frac{\mathfrak{U}_e}{5000} + \mathfrak{U}_e = (0{,}996 + j\,0{,}002)\mathfrak{U}_e. \tag{37b}$$

Nun berechne man den Vektor des Stromes im Kondensator an *1—6*. Genau wie vorhin erhält man

$$\left.\begin{aligned}\mathfrak{J}_{10} &= -j\omega C \mathfrak{U}_1 = -j\frac{1}{5000}(0{,}996 + j\,0{,}002)\mathfrak{U}_e \\ &= \left(\frac{0{,}002}{5000} - j\frac{0{,}996}{5000}\right)\mathfrak{U}_e.\end{aligned}\right\} \tag{37c}$$

Hierauf wende man die Kirchhoffsche Regel im Knotenpunkt *1* an

$$\mathfrak{J}_0 + \mathfrak{J}_{10} = \mathfrak{J}_1 \quad \text{oder} \quad \mathfrak{J}_0 = \mathfrak{J}_1 - \mathfrak{J}_{10}.$$

Durch Einsetzen von (37a) und (37c) bekommt man

$$\left.\begin{aligned}\mathfrak{J}_0 &= j\frac{1}{5000}\mathfrak{U}_e - \left(\frac{0{,}002}{5000} - j\frac{0{,}996}{5000}\right)\mathfrak{U}_e \\ &= \left(-\frac{0{,}002}{5000} + j\frac{1{,}996}{5000}\right)\mathfrak{U}_e.\end{aligned}\right\} \tag{37d}$$

Endlich gibt das Ohmsche Gesetz für den Stromkreis *7—0—1—6*

$$\mathfrak{U}_0 - \left(\frac{R}{2} + j\frac{\omega L}{2}\right)\mathfrak{J}_0 - \mathfrak{U}_1 = 0 \quad \text{oder} \quad \mathfrak{U}_0 = (5 + j\,10)\mathfrak{J}_0 + \mathfrak{U}_1,$$

woraus durch Benutzung von (37b) und (37d) folgt

$$\mathfrak{U}_0 = (5 + j10)\left(-\frac{0{,}002}{5000} + j\frac{1{,}996}{5000}\right)\mathfrak{U}_e + (0{,}996 + j\,0{,}002)\mathfrak{U}_e,$$

$$\mathfrak{U}_0 = (0{,}992 + j\,0{,}004)\mathfrak{U}_e. \tag{37e}$$

Damit ist die Spannung U_0 am Anfang der Leitung berechenbar, da die Spannung U_e am Ende der Leitung gewöhnlich auf einen bestimmten Wert eingehalten werden muß. Das Amplitudenverhältnis der beiden Spannungen wird

$$\frac{U_0}{U_e} = \sqrt{0{,}992^2 + 0{,}004^2} = \infty\, 0{,}99.$$

Die Spannung am Anfang der Leitung ist rund 1% geringer als am Ende der Leitung einzuregulieren.

b) Belastung am Ende eingeschaltet. Nun mögen die Belastungselemente R_e und L_e angeschlossen sein. In diesem Fall bekommt man die folgenden Vektorgleichungen:

1. Ströme in den beiden Kondensatoren:

α) $\mathfrak{J}_{12} = -j\dfrac{1}{5000}\mathfrak{U}_2;$

β) $\mathfrak{J}_{10} = -j\dfrac{1}{5000}\mathfrak{U}_1;$

2. Kirchhoffsche Regel für die Knotenpunkte 2 und 1:

α) $\mathfrak{J}_{12} + \mathfrak{J}_1 = \mathfrak{J}_e;$
β) $\mathfrak{J}_{10} + \mathfrak{J}_0 = \mathfrak{J}_1;$

3. Ohmsches Gesetz für die drei Stromkreise:

α) $\mathfrak{U}_2 - (5 + j\,10)\mathfrak{J}_e - \mathfrak{U}_e = 0;$
β) $\mathfrak{U}_1 - (10 + j\,20)\mathfrak{J}_1 - \mathfrak{U}_2 = 0;$
γ) $\mathfrak{U}_0 - (5 + j\,10)\mathfrak{J}_0 - \mathfrak{U}_1 = 0;$

4. Strom in den Belastungselementen:

$$\mathfrak{U}_e = (-400 - j\,300)(-\mathfrak{J}_e) = (400 + j\,300)\mathfrak{J}_e.$$

Für die acht unbekannten Vektoren $\mathfrak{J}_e$, $\mathfrak{J}_{12}$, $\mathfrak{J}_1$, $\mathfrak{J}_{10}$, $\mathfrak{J}_0$, $\mathfrak{U}_2$, $\mathfrak{U}_1$, $\mathfrak{U}_0$ hat man im ganzen acht Vektorgleichungen erhalten, die ausreichen, um sämtliche Vektoren durch den als bekannt anzusehenden Vektor $\mathfrak{U}_e$ darzustellen. Die Auflösung geschieht nach den im vorhergehenden Kapitel zusammengefaßten Regeln. Die Auflösung ist zahlenmäßig bequem; sie könnte sogar rein zeichnerisch durchgeführt werden. Man berechne die unbekannten

Vektoren in dieser Reihenfolge: $\mathfrak{J}_e$, $\mathfrak{U}_2$, $\mathfrak{J}_{12}$, $\mathfrak{J}_1$, $\mathfrak{U}_1$, $\mathfrak{U}_{10}$, $\mathfrak{J}_0$, $\mathfrak{U}_0$.
Die Zwischenrechnung möge der Leser zur besseren Übung selbst ausführen. Zur Kontrolle folgen die Einzelergebnisse:

$$\begin{aligned}
\text{aus 4)} \quad & \mathfrak{J}_e = (0{,}0016 - j\,0{,}0012)\,\mathfrak{U}_e, \\
\text{aus 3}\,\alpha) \quad & \mathfrak{U}_2 = (1{,}02 + j\,0{,}01)\,\mathfrak{U}_e, \\
\text{aus 1}\,\alpha) \quad & \mathfrak{J}_{12} = (0{,}000002 - j\,0{,}000204)\,\mathfrak{U}_e, \\
\text{aus 2}\,\alpha) \quad & \mathfrak{J}_1 = (0{,}0016 - j\,0{,}001)\,\mathfrak{U}_e, \\
\text{aus 3}\,\beta) \quad & \mathfrak{U}_1 = (1{,}056 + j\,0{,}032)\,\mathfrak{U}_e, \\
\text{aus 1}\,\beta) \quad & \mathfrak{J}_{10} = (0{,}0000064 - j\,0{,}0002112)\,\mathfrak{U}_e, \\
\text{aus 2}\,\beta) \quad & \mathfrak{J}_0 = (0{,}0016 - j\,0{,}00079)\,\mathfrak{U}_e, \\
\text{aus 3}\,\gamma) \quad & \mathfrak{U}_0 = (1{,}072 + j\,0{,}044)\,\mathfrak{U}_e, \\
& \frac{U_0}{U_e} = 1{,}073.
\end{aligned} \qquad (38)$$

Die Spannung am Anfang der Leitung ist jetzt um rund 7% höher als am Ende der Leitung einzuregulieren.

Es erscheint von Bedeutung, die Leistungsbilanz der Leitung aufzustellen. Aus der Theorie der sinusförmigen Wechselströme ist bekannt, daß die in einer Spannungsquelle erzeugte bzw. verbrauchte Leistung gegeben ist durch das halbe Produkt von Stromamplitude, Spannungsamplitude und dem Kosinus des Phasenwinkels. Der Phasenwinkel ist identisch mit dem Winkel zwischen Stromvektor und Spannungsvektor. Ist der Stromvektor $\mathfrak{J}$ gegeben aus dem Spannungsvektor durch die Beziehung $\mathfrak{J} = (a + jb)\,\mathfrak{U}$, so ist, wie aus (16) und (17) bekannt, die Stromamplitude

$$J = U\sqrt{a^2 + b^2}$$

und der Kosinus des Phasenwinkels

$$\cos\varphi = \frac{a}{\sqrt{a^2 + b^2}}.$$

Damit ergibt sich die Leistung N zu

$$N = \tfrac{1}{2}\,U J \cos\varphi = \tfrac{1}{2}\,a U^2. \qquad (39)$$

Wendet man das Ergebnis auf den vorliegenden Fall an, so erhält man für die am Ende der Leitung abgegebene Leistung aus der ersten der Gleichungen (38) den Wert

$$N_e = 0{,}0008\,U_e^2.$$

Um die am Anfang der Leitung aufgenommene Leistung zu berechnen, muß man sich erst die symbolische Beziehung zwischen

$\mathfrak{U}_0$ und $\mathfrak{J}_0$ aufstellen. Diese bekommt man durch Entfernen von $\mathfrak{U}_e$ in der zweitletzten und drittletzten der Gleichungen (38), nach der im vorigen Kapitel aufgestellten Regel, zu

$$\mathfrak{J}_0 = (0{,}00146 + jb)\mathfrak{U}_0.$$

Es ist nicht nötig, auch b zu berechnen, da es für die Leistung nicht gebraucht wird. Damit folgt für die Leistung am Anfang der Leitung

$$N_a = 0{,}00073\, U_0^2.$$

Hierin ist U_0 durch U_e zu ersetzen vermittels der letzten der Gleichungen (38). Das gibt

$$N_a = 0{,}00073 \cdot 1{,}073^2 \cdot U_e^2 = 0{,}00086 \cdot U_e^2.$$

Die in der Leitung verlorengegangene Leistung beträgt prozentual

$$100\,\frac{N_a - N_e}{N_a} = 100\,\frac{0{,}00086 - 0{,}0008}{0{,}00086} = \infty\, 7\%.$$

9. Verschiedene Kunstschaltungen.

a) Schaltung von Hummel. Da Drosselspulen außer der Selbstinduktion auch Ohmschen Widerstand enthalten, ist es nicht möglich, mit Hilfe einer einzigen Drosselspule Spannungen zu erzeugen, die gegen den Strom um 90° in der Phase zeitlich verschoben sind, d. h. deren entsprechende Zeitvektoren aufeinander senkrecht stehen. Um dieses Ziel zu erreichen, muß man zu zusammen-

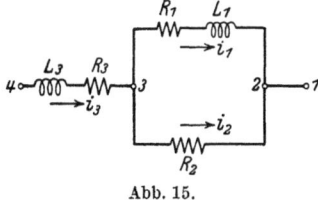

Abb. 15.

gesetzteren Schaltungen greifen. Eine solche Schaltung ist die von Hummel, die in Abb. 15 schematisch dargestellt ist.

An den Klemmen *1* und *4* liegt die Klemmenspannung u. In der Spule, deren Widerstand R_1 und deren Selbstinduktion L_1 beträgt, soll ein Strom i_1 erzeugt werden, dessen Zeitvektor $\mathfrak{J}_1$ genau senkrecht auf dem Vektor $\mathfrak{U}$ der Klemmenspannung steht.

Zunächst erhält man für den Vektor $\mathfrak{U}_{23}$ der Spannung an den Klemmen *2* und *3* gemäß dem Ohmschen Gesetz die Beziehung

$$\mathfrak{U}_{23} = -R_1\mathfrak{J}_1 - j\omega L_1\mathfrak{J}_1 = -R_2\mathfrak{J}_2.$$

Daraus kann man den Vektor $\mathfrak{J}_2$ durch den Vektor $\mathfrak{J}_1$ darstellen. Man bekommt durch Ausübung des Operators $-\frac{1}{R_2}$ nach Satz 2

$$\mathfrak{J}_2 = \left(\frac{R_1}{R_2} + j\omega\frac{L_1}{R_2}\right)\mathfrak{J}_1.$$

Damit wird der Stromvektor $\mathfrak{J}_3$ in der Spule R_3, L_3 vermittels der Kirchhoffschen Regel und mit Berücksichtigung von Satz 1

$$\mathfrak{J}_3 = \mathfrak{J}_1 + \mathfrak{J}_2 = \left(\frac{R_1+R_2}{R_2} + j\frac{\omega L_1}{R_2}\right)\mathfrak{J}_1$$

und der Spannungsvektor $\mathfrak{U}_{34}$ an der Spule selbst

$$\mathfrak{U}_{34} = (-R_3 - j\omega L_3)\mathfrak{J}_3 = (-R_3 + j(-\omega L_3))\left(\frac{R_1+R_2}{R_2} + j\frac{\omega L_1}{R_2}\right)\mathfrak{J}_1$$

oder mit Benutzung von Satz 2 (Grundregel)

$$\mathfrak{U}_{34} = \left\{\left(-R_3\frac{R_1+R_2}{R_2} + \frac{\omega^2 L_1 L_3}{R_2}\right) + j\left(-\omega L_3\frac{R_1+R_2}{R_2} - \omega L_1\frac{R_3}{R_2}\right)\right\}\mathfrak{J}_1.$$

Hierauf läßt sich der Vektor $\mathfrak{U}$ der Klemmenspannung sofort bilden. Derselbe wird unter Benutzung des obigen Ausdruckes von $\mathfrak{U}_{23}$ und Satz 1

$$\mathfrak{U} = -\mathfrak{U}_{23} - \mathfrak{U}_{34} = \left\{\left(R_1 + R_3\frac{R_1+R_2}{R_2} - \frac{\omega^2 L_1 L_3}{R_2}\right) + j\left(\omega L_1 + \omega L_3\frac{R_1+R_2}{R_2} + \omega L_1\frac{R_3}{R_2}\right)\right\}\mathfrak{J}_1. \quad (40)$$

Sollen die Vektoren $\mathfrak{U}$ und $\mathfrak{J}_1$ aufeinander senkrecht stehen, so ist es nötig, daß der reelle Teil des Operators in der Verknüpfungsgleichung (40) verschwindet. Man kommt dadurch auf die folgende Dimensionierungsgleichung

$$R_1 + R_3 + \frac{R_1 R_3 - \omega^2 L_1 L_3}{R_2} = 0 \quad (41)$$

und hat es in der Hand, nach Belieben die Größen R_3, L_3 und R_2 daraus zu bestimmen. Es sind R_1, L_1 als gegeben aufzufassen, während von den erstgenannten drei Größen zwei beliebig gewählt werden können und die dritte sich aus der Dimensionierungsgleichung ergibt. Über die zweckmäßigste Wahl der drei Größen sehe man in der einschlägigen Literatur nach.

Bei Leistungsmessungen mit Ferrari-Instrumenten ist es erforderlich, daß der in der Spannungsspule fließende Strom der Spannung zeitlich genau um 90° in der Phase nacheilt. Das wird, wie sich gezeigt hat, durch die Schaltung von Hummel vollständig erreicht. Die Spannung liegt nicht direkt an der Spannungsspule des Leistungsmessers, welche in der Schaltung durch R_1, L_1 gekennzeichnet ist, sondern an den Klemmen *1* und *4*.

b) Schaltung von Görges. Den gleichen Zweck verfolgt die Schaltung von Görges. Die Schaltung ist in Abb. 16 schematisch dargestellt. In den Brückenzweigen *2—3* und *4—5* liegen zwei gleiche Zählerspulen, deren Widerstand R_1 und deren Selbstinduktion L_1 sei. Die übrigen Brückenzweige werden je durch einen Ohmschen Widerstand R_2 gebildet. Den Verbindungssteg bildet der Ohmsche Widerstand R_3. Vor der Spule befindet sich noch eine Drosselspule R_4, L_4. Die Klemmenspannung liegt an den Klemmen *1* und *5*. Das Ziel der Schaltung ist, zu erreichen, daß der Vektor der Klemmenspannung und der Stromvektor in den Spulen R_1, L_1 aufeinander senkrecht stehen.

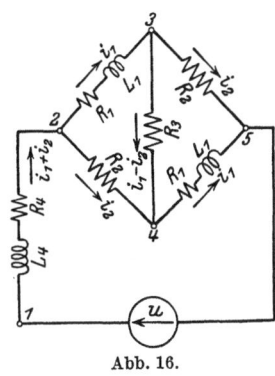

Abb. 16.

Die als positiv gewählten Strom- und Spannungsrichtungen sind in der Abb. 16 angegeben. Ferner sind die Ströme in den verschiedenen Zweigen schon so bezeichnet, daß sie der Kirchhoffschen Regel für die Knotenpunkte und der Symmetrie in der Brückenschaltung genügen. Man spart so an unbekannten Stromvektoren und an Rechnung.

Durch Ansetzen des Ohmschen Gesetzes auf die beiden geschlossenen Stromzweige *2—3—4—2* und *1—2—3—5—*Klemmenspannung *u—1* erhält man in sattsam bekannter Weise

$$-(R_1 + j\omega L_1)\,\mathfrak{J}_1 - R_3(\mathfrak{J}_1 - \mathfrak{J}_2) + R_2 \mathfrak{J}_2 = 0;$$
$$-(R_4 + j\omega L_4)(\mathfrak{J}_1 + \mathfrak{J}_2) - (R_1 + j\omega L_1)\,\mathfrak{J}_1 - R_2 \mathfrak{J}_2 + \mathfrak{U} = 0.$$

Durch Ordnen nach den unbekannten Stromvektoren, wobei man von den Sätzen 1 und 3 Gebrauch macht, folgt

$$(R_1 + R_3 + j\omega L_1)\,\mathfrak{J}_1 - (R_2 + R_3)\,\mathfrak{J}_2 = 0;$$
$$\{(R_1 + R_4) + j\omega(L_1 + L_4)\}\,\mathfrak{J}_1 + (R_2 + R_4 + j\omega L_4)\,\mathfrak{J}_2 = \mathfrak{U}.$$

Es interessiert nur der Vektor $\mathfrak{J}_1$. Übt man auf die erste Gleichung den Operator $(R_2 + R_4 + j\omega L_4)$ aus, auf die zweite den

Operator $(R_2 + R_3)$ und addiert beide, so bekommt man, genau wie es im 7. Kapitel ausgeführt wurde, mittels der Sätze 2 und 1

$$(R_2 + R_4 + j\omega L_4)(R_1 + R_3 + j\omega L_1)\,\mathfrak{J}_1$$
$$+ (R_2 + R_3)\{(R_1 + R_4) + j\omega(L_1 + L_4)\}\,\mathfrak{J}_1 = (R_2 + R_3)\,\mathfrak{U}$$

oder

$$\left.\begin{array}{l}\{[(R_2 + R_4)(R_1 + R_3) + (R_2 + R_3)(R_1 + R_4) - \omega^2 L_1 L_4] \\ + j\omega[L_4(R_1 + R_3) + L_1(R_2 + R_4) + (R_2 + R_3)(L_1 + L_4)]\}\,\mathfrak{J}_1 \\ = (R_2 + R_3)\,\mathfrak{U}.\end{array}\right\} \quad (42)$$

Damit die Vektoren $\mathfrak{J}_1$ und $\mathfrak{U}$ aufeinander senkrecht stehen, ist es erforderlich, daß der reelle Teil des Operators vor $\mathfrak{J}_1$ in Gleichung (42) verschwindet. Man findet so die Dimensionierungsgleichung

$$(R_1 + R_3)(R_2 + R_4) + (R_1 + R_4)(R_2 + R_3) = \omega^2 L_1 L_4. \quad (43)$$

Über die zweckmäßigste Wahl der darin enthaltenen beliebigen Größen lese man in der einschlägigen Literatur nach.

c) Schaltung von Boucherot. Von Boucherot rühren einige Schaltungen her, die zur Aufrechterhaltung eines konstanten Stromes bei konstanter Klemmenspannung dienen, auch bei variabler Belastung. Mit diesen Schaltungen soll bezweckt werden, daß z. B. bei in Reihe geschalteten Glüh- oder Bogenlampen der Strom unabhängig von der Zahl der brennenden Lampen bleibt. Es möge im folgenden nur eine der von Boucherot angegebenen Schaltungen, die unter dem Namen „Kondensator-Transformatoren" bekannt geworden sind, durchgerechnet werden.

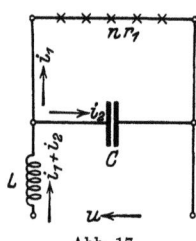
Abb. 17.

Die Schaltung ist in Abb. 17 schematisch dargestellt. Der Widerstand einer Lampe sei r_1, die Zahl der Lampen gleich n. Der Leser wird ohne weiteres verfolgen können, daß die beiden untenstehenden Vektorgleichungen zu Recht bestehen

$$-n\,r_1\,\mathfrak{J}_1 = j\frac{1}{\omega C}\,\mathfrak{J}_2,$$
$$-j\omega L(\mathfrak{J}_1 + \mathfrak{J}_2) - n\,r_1\,\mathfrak{J}_1 + \mathfrak{U} = 0.$$

Auf die erste Gleichung wendet man den Operator $-j\omega C$ an. Das ergibt nach Satz 2

$$\mathfrak{J}_2 = j\,n\,r_1\,\omega\,C\,\mathfrak{J}_1.$$

Den Wert für $\mathfrak{J}_2$ setzt man in die zweite Gleichung ein. So bekommt man wegen Satz 2 und Satz 1

$$j(-\omega L)\cdot(1+jnr_1\omega C)\mathfrak{J}_1 - nr_1\mathfrak{J}_1 + \mathfrak{U} = 0$$

oder
$$\{nr_1(1-\omega^2 LC)+j\omega L\}\mathfrak{J}_1 = \mathfrak{U}. \tag{44}$$

Wählt man L und C so, daß für die fest gegebene Kreisfrequenz ω die Beziehung gilt $\quad \omega^2 LC = 1,$

so wird
$$j\omega L \mathfrak{J}_1 = \mathfrak{U} \quad \text{oder} \quad \mathfrak{J}_1 = -j\frac{\mathfrak{U}}{\omega L}, \tag{44a}$$

unabhängig vom Belastungswiderstand nr_1.

Man wird leicht begreifen, daß die Beziehung (44a) nur genau gilt, wenn die Drosselspule L und der Kondensator C beide widerstandsfrei sind. Diese Bedingung kann nie exakt erfüllt werden, so daß der Belastungsstrom i_1 immerhin etwas, wenn auch in geringem Maße, mit der Zahl der eingeschalteten Lampen schwanken wird.

10. Zusammengesetzte Stromkreise. Allgemeine Festsetzungen.

Mit dem im Vorhergehenden gegebenen Sätzen und Regeln ist man imstande, jeden beliebig gestalteten Stromkreis zu berechnen. Trotzdem erscheint es zweckmäßig, noch einen sich unmittelbar darbietenden Begriff zu fixieren, der den Überblick über viele Rechnungen erleichtert und die Zusammenhänge klarer hervortreten läßt.

Für das Folgende soll zuweilen ein beliebiger Operator, $(a+jb)$, durch einen kleinen deutschen Buchstaben bezeichnet werden, z. B. $\mathfrak{z}$. Geben ferner zwei Operatoren, $\mathfrak{z}_1$ und $\mathfrak{z}_2$, auf denselben Vektor $\mathfrak{A}$ angewandt, den gleichen resultierenden Vektor $\mathfrak{B}$, ist also
$$\mathfrak{B} = \mathfrak{z}_1 \mathfrak{A} = \mathfrak{z}_2 \mathfrak{A},$$

so möge diese Gleichheit der beiden Operatoren auch so ausgedrückt werden
$$\mathfrak{z}_1 = \mathfrak{z}_2.$$

Diese Schreibweise liegt gewiß nahe, trotzdem ein Operator ohne den Vektor, auf den er ausgeübt wird, keinen unmittelbaren Sinn hat.

Die beiden genannten identischen Operatoren $\mathfrak{z}_1$ und $\mathfrak{z}_2$ seien in der ausführlichen Schreibweise

$$\mathfrak{z}_1 = a + jb\,; \quad \mathfrak{z}_2 = c + jd\,.$$

Es fragt sich, welche Beziehung wegen der Gleichheit der Operatoren unter den Größen a, b, c, d besteht. Nach den Gleichungen (16) und (17), die das Amplitudenverhältnis und den Phasenwinkel der Vektoren $\mathfrak{A}$ und $\mathfrak{B}$ angeben, muß sein

$$\frac{B}{A} = \sqrt{a^2 + b^2} = \sqrt{c^2 + d^2}\,;$$

$$\cos\varphi = \frac{a}{\sqrt{a^2+b^2}} = \frac{c}{\sqrt{c^2+d^2}}\,;$$

$$\sin\varphi = \frac{b}{\sqrt{a^2+b^2}} = \frac{d}{\sqrt{c^2+d^2}}\,.$$

Indem man die erste dieser drei Beziehungen für die beiden anderen verwertet, findet man sofort

$$a = c \quad \text{und} \quad b = d$$

und damit den

Satz 4: Zwei Operatoren können dann und nur dann gleich sein, wenn ihre reellen Anteile und ihre imaginären Anteile je unter sich gleich sind.

Die Quadratwurzel $\sqrt{a^2+b^2}$, welche dem Operator $\mathfrak{z} = a + bj$ entspricht, heißt der Absolutwert z des Operators $\mathfrak{z}$ und wird mit dem kleinen zugehörigen lateinischen Buchstaben z bezeichnet.

a) **Begriff des komplexen Widerstandes und Leitwertes.** Es sei ein beliebiges Leitungsgebilde gegeben, das bei der Klemmenspannung u den Strom i aufnimmt. Die Beziehung zwischen dem Stromvektor $\mathfrak{J}$ und dem Spannungsvektor $\mathfrak{U}$ lautet symbolisch immer

$$\mathfrak{J} = (a + jb)\mathfrak{U} = \mathfrak{y}\mathfrak{U}. \tag{45}$$

Übt man nach Satz 2 auf diese Vektorgleichung den Operator

$$\mathfrak{z} = c + jd = \frac{a}{a^2+b^2} + j\frac{-b}{a^2+b^2}$$

aus, so verwandelt dieselbe sich in die folgende

$$\mathfrak{z}\mathfrak{y}\mathfrak{U} = \mathfrak{U} = (c + jd)\,\mathfrak{J} = \mathfrak{z}\mathfrak{J}. \tag{45a}$$

Nach Gleichung (16) ist ferner wegen (45)

$$\frac{J}{U} = y = \sqrt{a^2 + b^2} \tag{45b}$$

Zusammengesetzte Stromkreise. Allgemeine Festsetzungen.

und wegen (45a)

$$\frac{U}{J} = z = \sqrt{c^2 + d^2} = \sqrt{\frac{a^2}{(a^2+b^2)^2} + \frac{b^2}{(a^2+b^2)^2}} = \frac{1}{\sqrt{a^2+b^2}}, \quad (45\text{c})$$

woraus durch Multiplikation der beiden Ausdrücke folgt

$$yz = 1. \quad (45\text{d})$$

Der Übersicht halber werden die Gleichungen (45) noch einmal zusammengestellt:

$$\mathfrak{J} = \mathfrak{y}\mathfrak{U}, \quad (45)$$
$$\mathfrak{U} = \mathfrak{z}\mathfrak{J}, \quad (45\text{a})$$
$$yz = 1, \quad (45\text{d})$$
$$\mathfrak{y}\mathfrak{z} = \mathfrak{z}\mathfrak{y} = 1, \quad (45\text{e})$$
$$J = yU, \quad (45\text{b})$$
$$U = zJ. \quad (45\text{c})$$

Aus der Theorie der Gleichströme ist bekannt, daß, wenn ein Ohmscher Widerstand w (Leitwert l) an einer Gleichspannung u angeschlossen ist, ein Strom i auftritt gemäß den nachstehenden Beziehungen

$$i = lu,$$
$$u = iw,$$
$$wl = 1.$$

Die formale Übereinstimmung dieser Beziehungen mit den Gleichungen (45b), (45c) und (45d) ist ersichtlich. Aus diesem Grunde heißt y der absolute Leitwert, z der absolute Widerstand, in konsequenter Weise $\mathfrak{y}$ der komplexe Leitwert und $\mathfrak{z}$ der komplexe Widerstand des Leitungsgebildes.

Man darf nicht übersehen, daß genau so, wie am Widerstand w durch den Gleichstrom i die Gleichspannung $-iw$ erzeugt wird, die im komplexen Widerstand $\mathfrak{z}$ erzeugte Spannung sein muß

$$-\mathfrak{z}\mathfrak{J},$$

weil sie zusammen mit der Klemmenspannung $\mathfrak{U} = \mathfrak{z}\mathfrak{J}$ Null ergibt. Man muß daher in den Gleichungen (45) und (45a) noch das negative Vorzeichen hinzusetzen, wenn man statt der Klemmenspannung die im Leitungsgebilde hervorgerufene Spannung nimmt.

Der Begriff des komplexen Widerstandes bzw. Leitwertes ist der eingangs erwähnte Begriff, der fixiert werden sollte und der sich für die späteren Anwendungen als sehr zweckmäßig erweist.

b) **Parallelschaltung.** Es seien mehrere Leitungsgebilde mit den Leitwerten $\mathfrak{y}_1, \mathfrak{y}_2 \ldots$ parallel geschaltet. Dann erhalten alle dieselbe Klemmenspannung $\mathfrak{U}$, und jedes führt einen Strom, dessen Vektor durch die folgenden Gleichungen errechnet wird

$$\mathfrak{J}_1 = \mathfrak{y}_1 \mathfrak{U}; \quad \mathfrak{J}_2 = \mathfrak{y}_2 \mathfrak{U}; \quad \ldots; \quad \mathfrak{J}_n = \mathfrak{y}_n \mathfrak{U}.$$

Die Spannungsquelle führt einen Strom i, der nach der Kirchhoffschen Regel durch die Summe der Einzelströme gegeben ist. Für den Vektor des Gesamtstromes erhält man demnach

$$\mathfrak{J} = \mathfrak{J}_1 + \mathfrak{J}_2 + \cdots + \mathfrak{J}_n = \mathfrak{y}_1 \mathfrak{U} + \mathfrak{y}_2 \mathfrak{U} + \cdots + \mathfrak{y}_n \mathfrak{U}$$

und mit Benutzung von Satz 1

$$\mathfrak{J} = (\mathfrak{y}_1 + \mathfrak{y}_2 + \cdots + \mathfrak{y}_n) \mathfrak{U} = \mathfrak{y} \mathfrak{U}. \tag{46}$$

Die Parallelschaltung der gegebenen Leitungsgebilde kann daher durch ein einziges Leitungsgebilde mit dem komplexen Leitwert $\mathfrak{y}$ ersetzt werden. Dabei ist $\mathfrak{y}$ gegeben durch

$$\mathfrak{y} = \mathfrak{y}_1 + \mathfrak{y}_2 + \cdots + \mathfrak{y}_n \tag{46a}$$

unter Benutzung der oben festgesetzten Schreibweise.

c) **Serienschaltung.** Es seien mehrere Leitungsgebilde mit den komplexen Widerständen $\mathfrak{z}_1, \mathfrak{z}_2, \ldots$ hintereinander geschaltet. Dann führen alle Leitungsgebilde denselben Strom, und jedes erzeugt an seinen Endklemmen eine Spannung, deren Vektor durch die folgenden Gleichungen errechnet wird

$$\mathfrak{U}_1 = -\mathfrak{z}_1 \mathfrak{J}; \quad \mathfrak{U}_2 = -\mathfrak{z}_2 \mathfrak{J}; \quad \ldots; \quad \mathfrak{U}_n = -\mathfrak{z}_n \mathfrak{J}.$$

Die Spannungsquelle muß nach dem Ohmschen Gesetz eine Spannung u aufbringen, die gleich der Summe der negativ genommenen Einzelspannungen ist. Für den Vektor der Klemmenspannung erhält man demnach

$$\mathfrak{U} = -\mathfrak{U}_1 - \mathfrak{U}_2 - \cdots - \mathfrak{U}_n = \mathfrak{z}_1 \mathfrak{J}_1 + \mathfrak{z}_2 \mathfrak{J}_2 + \cdots + \mathfrak{z}_n \mathfrak{J}_n$$

und mit Benutzung von Satz 1

$$\mathfrak{U} = (\mathfrak{z}_1 + \mathfrak{z}_2 + \cdots + \mathfrak{z}_n) \mathfrak{J} = \mathfrak{z} \mathfrak{J}. \tag{47}$$

Die Serienschaltung der gegebenen Leitungsgebilde kann daher durch ein einziges Leitungsgebilde mit dem komplexen Widerstand $\mathfrak{z}$ ersetzt werden. Dabei ist $\mathfrak{z}$ gegeben durch

$$\mathfrak{z} = \mathfrak{z}_1 + \mathfrak{z}_2 + \cdots + \mathfrak{z}_n \tag{47a}$$

unter Benutzung der oben angegebenen Schreibweise.

11. Einfache Beispiele von zusammengesetzten Stromkreisen.

1. Beispiel. Parallelschaltung und Serienschaltung von reiner Selbstinduktion und Ohmschem Widerstand.

Gegeben sei als Leitungsgebilde 1 die Selbstinduktion L. Wenn die Selbstinduktion allein an der Klemmenspannung u liegt, so gilt die Beziehung

$$\mathfrak{U} - j\omega L \mathfrak{J} = 0 \quad \text{oder} \quad \mathfrak{U} = j\omega L \mathfrak{J}.$$

Daraus folgt definitionsgemäß

$$\mathfrak{z}_1 = j\omega L$$

und, da nach Satz 2 der Operator $(a+jb)$ sowie der Operator

$$\frac{a}{a^2+b^2} + j\frac{-b}{a^2+b^2}$$

nacheinander ausgeübt den Operator 1 ergeben

$$\mathfrak{y}_1 = j\left(-\frac{1}{\omega L}\right) = -j\frac{1}{\omega L}.$$

Als Stromkreis 2 nehme man einen Ohmschen Widerstand R. Für diesen folgt in ähnlicher Weise

$$\mathfrak{z}_2 = R; \quad \mathfrak{y}_2 = \frac{1}{R}.$$

a) Parallelschaltung von R und L. Aus Gleichung (46a) folgt unmittelbar

$$\mathfrak{y} = \frac{1}{R} + j\left(-\frac{1}{\omega L}\right),$$

daraus wieder, da nach Satz 2 der Operator $(a+jb)$ sowie der Operator

$$\frac{a}{a^2+b^2} + j\frac{-b}{a^2+b^2}$$

nacheinander ausgeübt den Operator 1 ergeben und wegen Gleichung (45e)

$$\mathfrak{z} = \frac{\frac{1}{R}}{\frac{1}{R^2}+\frac{1}{\omega^2 L^2}} + j\frac{\frac{1}{\omega L}}{\frac{1}{R^2}+\frac{1}{\omega^2 L^2}}. \tag{48}$$

b) Serienschaltung von R und L. Aus Gleichung (47a) folgt unmittelbar das schon bekannte Ergebnis

$$\mathfrak{z} = R + j\omega L.$$

4*

2. Beispiel. Parallelschaltung und Serienschaltung von reiner Kapazität und Ohmschem Widerstand.

Gegeben sei als Stromkreis 1 die Kapazität C. Wenn die Kapazität allein an der Klemmenspannung u liegt, gilt die Vektorbeziehung

$$\mathfrak{U} + j\frac{1}{\omega C}\mathfrak{J} = 0 \quad \text{oder} \quad \mathfrak{U} = -j\frac{1}{\omega C}\mathfrak{J} = j\left(-\frac{1}{\omega C}\mathfrak{J}\right).$$

Daraus folgt gemäß Definition

$$\mathfrak{z}_1 = j\left(-\frac{1}{\omega C}\right)$$

und weiter genau wie oben

$$\mathfrak{y}_1 = j\omega C.$$

Als Stromkreis 2 nehme man den Ohmschen Widerstand R, für den wieder ist

$$\mathfrak{y}_2 = \frac{1}{R} \quad \text{und} \quad \mathfrak{z}_2 = R.$$

a) **Parallelschaltung von R und C.** Aus Gleichung (46a) folgt unmittelbar

$$\mathfrak{y} = \frac{1}{R} + j\omega C,$$

daraus wieder

$$\mathfrak{z} = \frac{\frac{1}{R}}{\frac{1}{R^2} + \omega^2 C^2} + j\frac{-\omega C}{\frac{1}{R^2} + \omega^2 C^2}. \tag{49}$$

Die Verknüpfungsgleichung zwischen dem Vektor $\mathfrak{U}$ der Klemmenspannung und dem Vektor $\mathfrak{J}$ des Gesamtstromes lautet damit

$$\mathfrak{U} = \left(\frac{R}{1 + \omega^2 C^2 R^2} + j\frac{-\omega C R^2}{1 + \omega^2 C^2 R^2}\right)\mathfrak{J}. \tag{50}$$

Für den Winkel φ zwischen dem Stromvektor und dem Spannungsvektor bekommt man hieraus in bekannter Weise

$$\operatorname{tg}\varphi = \omega C R. \tag{50a}$$

Der Winkel φ ist daher kleiner als $\frac{1}{2}\pi$. Bezeichnet man den Anteil, der an dem Winkel φ fehlt, um ihn zu $\pi/2$ zu machen, mit δ, so darf man schreiben

$$\varphi = 90 - \delta;$$
$$\operatorname{tg}\varphi = \operatorname{tg}(90 - \delta) = \operatorname{ctg}\delta = \frac{1}{\operatorname{tg}\delta}.$$

Einfache Beispiele von zusammengesetzten Stromkreisen. 53

Dies ergibt mit Gleichung (50a) kombiniert

$$\operatorname{tg} \delta = \frac{1}{\omega C R}. \tag{50b}$$

Gewöhnlich ist das Produkt $\omega C R$ sehr viel größer als die Einheit. Man kann unter dieser Voraussetzung den Tangens des Winkels durch den Winkel selber ersetzen, wodurch folgt

$$\delta = \frac{1}{\omega C R}, \tag{50c}$$

ausgedrückt im Bogenmaß. Der Winkel δ heißt der Verlustwinkel des Kondensators, weil er ein Maß ist für die Abweichung des Leitungsgebildes vom ideellen Kondensator, für den $\delta = 0$ ist.

b) **Serienschaltung von R und C.** Aus Gleichung (47a) folgt unmittelbar

$$\mathfrak{z} = R + j\left(-\frac{1}{\omega C}\right). \tag{51}$$

Für den Phasenwinkel φ und den Verlustwinkel δ bekommt man hier, wie der Leser selbst ableiten möge,

$$\operatorname{tg} \varphi = \frac{1}{\omega C R}, \tag{51a}$$

$$\operatorname{tg} \delta = \omega C R. \tag{51b}$$

In der Serienschaltung ist gewöhnlich $\omega C R$ sehr klein, so daß $\operatorname{tg} \delta$ wieder durch δ ersetzt werden kann.

3. Beispiel. Serienschaltung von zwei Kondensatoren mit Parallelwiderstand.

Jeder technischer Kondensator besitzt neben der Kapazität auch einen Übergangswiderstand, der bedingt ist durch die mehr oder minder gute Isolation zwischen den Plattenbelegungen. Dieser Übergangswiderstand ist daher als Parallelwiderstand zum Kondensator anzusehen, so daß Spannungsvektor und Stromvektor nach Gleichung (50) berechnet werden müssen.

Die Beziehung zwischen Stromamplitude und Spannungsamplitude liest man leicht aus der Gleichung (50) ab. Man findet

$$U = J \cdot \sqrt{\frac{R^2 + \omega^2 C^2 R^4}{(1 + \omega^2 C^2 R^2)^2}} = J \cdot \frac{1}{C} \cdot \frac{1}{\sqrt{\omega^2 + \frac{1}{R^2 C^2}}}.$$

Sind zwei Kondensatoren in Serie geschaltet, so führen sie beide denselben Gesamtstrom i. Die Spannungsamplitude an jedem Kondensator ist daher

$$U_1 = J \cdot \frac{1}{C_1} \cdot \frac{1}{\sqrt{\omega^2 + \frac{1}{R_1^2 C_1^2}}} \, ; \qquad U_2 = J \cdot \frac{1}{C_2} \cdot \frac{1}{\sqrt{\omega^2 + \frac{1}{R_2^2 C_2^2}}}.$$

Daraus folgt das Verhältnis der beiden Teilspannungen zu

$$\frac{U_1}{U_2} = \frac{C_2}{C_1} \cdot \sqrt{\frac{\omega^2 + \frac{1}{R_2^2 C_2^2}}{\omega^2 + \frac{1}{R_1^2 C_1^2}}}. \tag{52}$$

Das Spannungsverhältnis ist nicht allein von den Kapazitäten, sondern auch von den Übergangswiderständen und der Frequenz abhängig. Nur in dem Fall, wo ω groß ist gegen $1/R_1 C_1$ und $1/R_2 C_2$ oder wo $R_1 C_1 = R_2 C_2$, wenn also die Übergangswiderstände durch zusätzliche Parallelwiderstände richtig abgeglichen sind, wird der Wurzelausdruck gleich der Einheit und das Spannungsverhältnis gleich dem reziproken Kapazitätsverhältnis, d. h. unabhängig von der Frequenz.

Der Einfluß der Frequenz auf das Spannungsverhältnis läßt sich am eindringlichsten durch einige Zahlen zeigen. Es seien zwei Kondensatoren von je 0,01 Mikrofarad Kapazität gegeben. Die Kondensatoren sollen jedoch aus verschiedenen Fabrikationsreihen entstammen, so daß der Übergangswiderstand des ersten $2 \cdot 10^7$ Ohm, der des zweiten $5 \cdot 10^7$ Ohm betragen möge. Es ist also

$$\frac{1}{R_1 C_1} = \frac{10^8}{2 \cdot 10^7} = 5 \quad \text{und} \quad \frac{1}{R_2 C_2} = \frac{10^8}{5 \cdot 10^7} = 2,$$

womit die obige Gleichung (52) übergeht in

$$\frac{U_1}{U_2} = \sqrt{\frac{\omega^2 + 4}{\omega^2 + 25}}.$$

Die untenstehende kleine Tabelle gibt den Wert dieses Ausdruckes für verschiedene Periodenzahlen an.

$\nu =$	0	1	2	5	10	50 Periden/sek.
$\omega = 2\pi\nu =$	0	6,28	12,56	31,4	62,8	314
$U_1/U_2 =$	0,40	0,82	0,94	0,99	1,00	1,00

Man sieht, daß schon bei geringen Periodenzahlen das Spannungsverhältnis gleich dem Kapazitätsverhältnis reziprok wird.

12. Brückenschaltungen für Meßzwecke.

Die Schaltung der Wheatstoneschen Brücke für Wechselstrom ist dieselbe wie für Gleichstrom. Die nebenstehende Abb. 18 zeigt die Schaltung der Brücke. Die Widerstände in den vier Brückenzweigen sind Leitungsgebilde mit im allgemeinen komplexen Widerständen. An den Klemmen *1* und *2* liegt die Wechselspannung, an den Klemmen *3* und *4* ein Telephon. Die Widerstände der Leitungsgebilde müssen so abgeglichen werden, daß das Telephon nicht ertönt. Dann ist die Spannung an den Klemmen *3* und *4* gleich Null. Das Telephon erhält keinen Strom, während die Zweige *1—3* und *3—2* untereinander sowie die Zweige *1—4* und *4—2* untereinander gleichen Strom führen. Aus diesen Annahmen lassen sich die Brückenbedingungen ableiten.

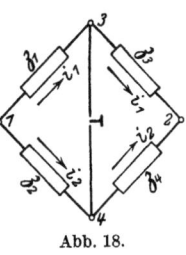

Abb. 18.

Aus der Definition des komplexen Widerstandes geht hervor, daß in den einzelnen Brückenzweigen die folgenden Spannungen auftreten, und zwar in den in der Abb. 18 angegebenen Richtungen.

$$\begin{aligned}
\text{Zweig } 1{-}3: &\quad -\mathfrak{z}_1 \mathfrak{J}_1; \\
\text{Zweig } 3{-}2: &\quad -\mathfrak{z}_3 \mathfrak{J}_1; \\
\text{Zweig } 1{-}4: &\quad -\mathfrak{z}_2 \mathfrak{J}_2; \\
\text{Zweig } 4{-}2: &\quad -\mathfrak{z}_4 \mathfrak{J}_2; \\
\text{Brücke } 3{-}4: &\quad 0.
\end{aligned}$$

Das Ohmsche Gesetz in der Vektorform ergibt, einmal angewandt auf den geschlossenen Stromkreis *1—3—4—1*, das andere Mal auf den Stromkreis *3—2—4—3*, die beiden Vektorgleichungen:

$$-\mathfrak{z}_1 \mathfrak{J}_1 + \mathfrak{z}_2 \mathfrak{J}_2 = 0; \qquad -\mathfrak{z}_3 \mathfrak{J}_1 + \mathfrak{z}_4 \mathfrak{J}_2 = 0,$$

welche sich auch schreiben lassen

$$\mathfrak{z}_1 \mathfrak{J}_1 = \mathfrak{z}_2 \mathfrak{J}_2; \qquad \mathfrak{z}_3 \mathfrak{J}_1 = \mathfrak{z}_4 \mathfrak{J}_2.$$

Auf die erste Gleichung übe man den Operator $\mathfrak{z}_3$, auf die zweite Gleichung den Operator $\mathfrak{z}_1$ aus. Dann folgt

$$\mathfrak{z}_3 \mathfrak{z}_1 \mathfrak{J}_1 = \mathfrak{z}_3 \mathfrak{z}_2 \mathfrak{J}_2; \qquad \mathfrak{z}_1 \mathfrak{z}_3 \mathfrak{J}_1 = \mathfrak{z}_1 \mathfrak{z}_4 \mathfrak{J}_2,$$

wobei die zusammengesetzten Operatoren gemäß Satz 2 vereinfacht werden müssen. Da die Reihenfolge der symbolischen

Operationen ohne Einfluß auf das Ergebnis ist, liefert die Verknüpfung der beiden letzten Gleichungen das Endergebnis

$$\mathfrak{Z}_3 \mathfrak{Z}_2 \mathfrak{J}_2 = \mathfrak{Z}_1 \mathfrak{Z}_4 \mathfrak{J}_2 \qquad (53)$$

oder auch in der festgesetzten Schreibweise

$$\mathfrak{Z}_3 \mathfrak{Z}_2 = \mathfrak{Z}_1 \mathfrak{Z}_4 \, . \qquad (53\text{a})$$

Nach Satz 4 besagt die Gleichung (53) bzw. (53a), daß die beiden komplexen Operatoren $\mathfrak{Z}_3 \mathfrak{Z}_2$ und $\mathfrak{Z}_1 \mathfrak{Z}_4$ gleiche reelle und gleiche imaginäre Anteile haben müssen. Diese Aussage enthält die gesuchte Brückenbedingung. Im folgenden soll dieselbe für verschiedene Arten von komplexen Widerständen im einzelnen untersucht werden.

a) Wiensche Brücke, zur Messung einer Selbstinduktion durch Vergleichung mit einer bekannten Selbstinduktion.

Die Wiensche Meßbrücke ist dadurch gekennzeichnet, daß die komplexen Widerstände $\mathfrak{Z}_1$ und $\mathfrak{Z}_3$ je durch eine Serienschaltung von Selbstinduktion und Ohmschen Widerstand dargestellt werden, während die Widerstände $\mathfrak{Z}_2$ und $\mathfrak{Z}_4$ von rein Ohmschen Widerständen herrühren. Man hat demnach wegen Gleichung (48a)

$$\mathfrak{Z}_1 = R_1 + j\omega L_1 ; \qquad \mathfrak{Z}_3 = R_3 + j\omega L_3 ;$$
$$\mathfrak{Z}_2 = R_2 ; \qquad \mathfrak{Z}_4 = R_4 .$$

Daraus sind die Operatorenprodukte $\mathfrak{Z}_3 \mathfrak{Z}_2$ und $\mathfrak{Z}_1 \mathfrak{Z}_4$ zu bilden. Eine einfache Rechnung ergibt mittels Satz 2

$$\mathfrak{Z}_2 \mathfrak{Z}_3 = R_2 R_3 + j\omega R_2 L_3 ; \qquad \mathfrak{Z}_1 \mathfrak{Z}_4 = R_1 R_4 + j\omega R_4 L_1 .$$

Wegen der oben in Gleichung (53) mit Hilfe von Satz 4 abgeleiteten Folgerung muß nun sein

$$R_2 R_3 = R_1 R_4 ; \qquad \omega R_2 L_3 = \omega R_4 L_1$$

oder auch

$$\frac{R_1}{R_3} = \frac{R_2}{R_4} = \frac{L_1}{L_3} . \qquad (54)$$

Wenn die Brücke so abgeglichen ist, daß das Telephon nicht mehr ertönt, kann man aus obiger Beziehung die Selbstinduktion L_1 berechnen, sobald die Selbstinduktion L_2 bekannt ist. Ebenso müssen die Widerstände R_2 und R_4 bekannt sein; es genügt aber auch die Kenntnis des Verhältnisses beider Widerstände. Die Widerstände R_1 und R_3, die zu einem Teil von dem unvermeidlichen Ohmschen Widerstand der Selbstinduktionsspulen herrühren, zum andern Teil von den Stöpselwiderständen für die Abgleichung, können unbekannt bleiben. Wichtig an der Beziehung (54) ist, daß dieselbe die Frequenz der Spannungsquelle nicht enthält. Die Meßfrequenz hat daher keinerlei Einfluß auf das Meßergebnis.

b) **Maxwellsche Brücke**, zur Messung einer Kapazität durch Vergleichung mit einer bekannten Selbstinduktivität.

Bei der Maxwellschen Brücke wird der Widerstand $\mathfrak{z}_1$ dargestellt durch einen rein Ohmschen Widerstand, der Widerstand $\mathfrak{z}_2$ durch eine Reihenschaltung von Selbstinduktion und Ohmschen Widerstand, der Widerstand $\mathfrak{z}_3$ durch Parallelschaltung eines Kondensators und eines Ohmschen Widerstandes, der Widerstand $\mathfrak{z}_4$ durch einen Ohmschen Widerstand. Zur besseren Übersicht ist in Abb. 19 die Schaltung gezeichnet.

Mit Benutzung der in den Gleichungen (50) und (49) erhaltenen Ergebnisse kann man die komplexen Widerstände schreiben

$$\mathfrak{z}_1 = R_1; \qquad \mathfrak{z}_2 = R_2 + j\omega L;$$

$$\mathfrak{z}_4 = R_4; \qquad \mathfrak{z}_3 = \frac{R_3}{1+\omega^2 C^2 R_3^2} + j\frac{-\omega C R_3^2}{1+\omega^2 C^2 R_3^2}.$$

Daraus sind wieder die Operatorprodukte $\mathfrak{z}_3\mathfrak{z}_2$ und $\mathfrak{z}_1\mathfrak{z}_4$ nach Satz 2 zu bilden. Eine gewohnte Rechnung ergibt

$$\mathfrak{z}_2\mathfrak{z}_3 = R_3\frac{R_2+\omega^2 LCR_3}{1+\omega^2 C^2 R_3^2} + jR_3\frac{\omega L - \omega C R_2 R_3}{1+\omega^2 C^2 R_3^2};$$

$$\mathfrak{z}_1\mathfrak{z}_4 = R_1 R_4.$$

Aus der Gleichsetzung je der reellen und der imaginären Bestandteile dieser Operatoren folgt

$$R_1 R_4 = R_3\frac{R_2+\omega^2 LCR_3}{1+\omega^2 C^2 R_3^2}; \qquad 0 = \omega L - \omega C R_2 R_3.$$

Die letzte der beiden Gleichungen ergibt

$$L = CR_2 R_3 \quad \text{oder} \quad \frac{L}{C} = R_2 R_3. \tag{55}$$

Geht man mit diesem Resultat in die erste Gleichung hinein, so kommt

$$R_1 R_4 = R_2 R_3. \tag{55a}$$

Das Ergebnis der Gleichungen (55) und (55a) kann man noch übersichtlich in die Doppelgleichung bringen

$$\frac{L}{C} = R_2 R_3 = R_1 R_4. \tag{55b}$$

Das Verhältnis L/C ist für die Messung fest gegeben. Um das Telephon zum Schweigen zu bringen, muß man R_1 oder R_4 und R_2 oder R_3 stöpseln. Die Induktivität L ist zahlenmäßig gegeben, ebenso müssen R_1 und R_4 bekannt sein. Dagegen ist es nicht erforderlich, R_2 und R_3 zu wissen. Der Widerstand R_2 rührt zum Teil vom unvermeidlichen Ohmschen Widerstand der Selbstinduktionsspule, zum Teil vom Stöpselwiderstand her. Der Widerstand R_3 parallel zum Kondensator ist als Parallelschaltung des Isolierwiderstandes des Kondensators und eines zugeschalteten Widerstandes zu denken.

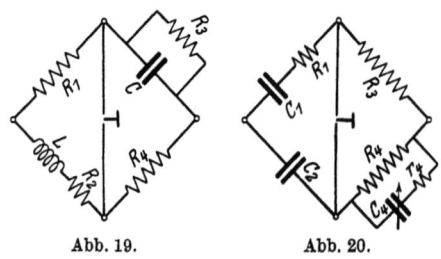

Abb. 19.   Abb. 20.

c) **Kapazitätsbrücke nach Schering**, zur Messung der Kapazität und des Verlustwinkels durch Vergleichung mit bekannten Kapazitäten.

In einem idealen Kondensator, der nur Kapazität besitzt, kann durch Wechselstrom keine Leistung vernichtet werden, da Strom und Spannung zeitlich um 90° phasenverschoben sind. Stromvektor und Spannungsvektor stehen aufeinander senkrecht. Tatsächlich haben die technischen Kondensatoren aber doch einen Leistungsverbrauch, der davon herrührt, daß durch den Richtungswechsel der Spannung mit jeder Halbperiode der Kondensator im gleichen Takt umgeladen wird und Hysteresiserscheinungen im Dielektrikum auftreten. Um dem Leistungsverlust im Kondensator, der bewirkt, daß Spannungsvektor und Stromvektor nicht mehr aufeinander senkrecht stehen, Rechnung zu tragen, kann man sich entweder parallel oder in Serie zur Kapazität einen Ohmschen Widerstand geschaltet denken als Leistungsverbraucher. Bei der Durchrechnung des 2. Beispiels im 11. Kapitel hat sich nun gezeigt, daß ein Parallelwiderstand zur Kapazität einen Verlustwinkel bewirkt, Gleichung (50b), der mit wachsender Frequenz abnimmt. Dagegen bewirkt der Serienwiderstand einen Verlustwinkel, Gleichung (51b), der mit wachsender Frequenz zunimmt. Durch Messungen ist festgestellt worden, daß der Verlustwinkel mit der Frequenz tatsächlich steigt. Es ist daher angebracht, daß man den Kondensator als eine Serienschaltung von Kapazität und Ohmschen Widerstand auffaßt. Dieser Auffassung entspricht die Brückenschaltung, die in Abb. 20 dargestellt ist.

Es stellen C_1, R_1 den zu messenden Kondensator dar, C_2 ist ein verlustfreier Kondensator (Luftkondensator), R_2 und R_4 sind induktionsfreie und kapazitätsfreie Widerstände, C_4, r_4 ist ein veränderlicher geeichter Kondensator (Drehkondensator).

Auf die allgemeine Brückengleichung

$$\mathfrak{z}_3 \mathfrak{z}_2 \mathfrak{J}_2 = \mathfrak{z}_1 \mathfrak{z}_4 \mathfrak{J}_2 \tag{55}$$

kann man den zu $\mathfrak{z}_4$ zugehörigen Leitwertoperator $\mathfrak{y}_4$ ($\mathfrak{y}_4 \mathfrak{z}_4 = 1$) ausüben. Da die Reihenfolge, in der die Operatoren ausgeübt werden, gleichgültig ist, so verwandelt sich die Brückengleichung in die folgende Gleichung

$$\mathfrak{y}_4 \mathfrak{z}_3 \mathfrak{z}_2 \mathfrak{J}_2 = \mathfrak{z}_1 \mathfrak{z}_4 \mathfrak{y}_4 \mathfrak{J}_2 = \mathfrak{z}_1 \mathfrak{J}_2\,.$$

Mit Benutzung der Ergebnisse in Gleichung (51) hat man zunächst

$$\mathfrak{z}_1 = R_1 + j\frac{-1}{\omega C_1}; \qquad \mathfrak{z}_2 = j\frac{-1}{\omega C_2}; \qquad \mathfrak{z}_3 = R_3\,.$$

Der Widerstand in dem vierten Brückenzweig ist eine Parallelschaltung der Widerstände

$$R_4 \quad \text{und} \quad r_4 + j\frac{-1}{\omega C_4}$$

oder, was dasselbe ist, der beiden Leitwerte

$$\frac{1}{R_4} \quad \text{und} \quad \frac{r_4}{r_4^2 + \frac{1}{\omega^2 C_4^2}} + j\frac{\frac{1}{\omega C_4}}{r_4^2 + \frac{1}{\omega C_4^2}}\,.$$

Daher erhält man den Gesamtleitwert zu

$$\mathfrak{y}_4 = \frac{1}{R_4} + \frac{r_4 \omega^2 C_4^2}{1 + \omega^2 r_4^2 C_4^2} + j\frac{\omega C_4}{1 + \omega^2 r_4^2 C_4^2}\,.$$

Da es umständlich wäre, aus $\mathfrak{y}_4$ noch $\mathfrak{z}_4$ zu bilden, wurde oben in der Brückengleichung (55) der Widerstand $\mathfrak{z}_4$ durch den entsprechenden Leitwert $\mathfrak{y}_4$ ersetzt.

Hierauf bilde man den Operator $\mathfrak{y}_4 \mathfrak{z}_2 \mathfrak{z}_3$ durch zweimalige Anwendung von Satz 2. Man bekommt in gewohnter Weise

$$\mathfrak{y}_4 \mathfrak{z}_2 \mathfrak{z}_3 = R_2 \frac{C_4}{C_2} \cdot \frac{1}{1 + r_4^2 \omega^2 C_4^2} + j\frac{-R_3}{\omega C_2}\left(\frac{1}{R_4} + \frac{r_4 \omega^2 C_4^2}{1 + r_4^2 \omega^2 C_4^2}\right).$$

Der reelle Anteil dieses Ausdruckes muß mit dem reellen Teil von $\mathfrak{z}_1$ übereinstimmen; ebenso müssen die entsprechenden imaginären Anteile gleich sein. Diese Überlegung liefert die beiden Gleichungen

$$R_1 = R_2 \frac{C_4}{C_2} \cdot \frac{1}{1 + r_4^2 \omega^2 C_4^2}. \tag{56}$$

$$C_1 = C_2 \frac{R_4}{R_3} \cdot \frac{1}{1 + \dfrac{r_4 \omega C_4 \cdot R_4 \omega C_4}{1 + r_4^2 \omega^2 C_4^2}}. \tag{56a}$$

Statt der ersten Gleichung ist es zweckmäßig, die aus dem Produkt von beiden Gleichungen und von ω hervorgehende Gleichung zu nehmen. Diese lautet

$$R_1 \omega C_1 = R_4 \omega C_4 \frac{1}{1 + r_4^2 \omega^2 C_4^2 + \omega C_4 r_4 \cdot \omega C_4 R_4}. \tag{56b}$$

Nach dem Ergebnis des 2. Beispiels im 11. Kapitel, Gleichung (51b), ist $R_1 \omega C_1$ der Verlustwinkel δ_1 des Kondensators C_1, ebenso $r_4 \omega C_4$ der Verlustwinkel δ_4 des Kondensators C_4. Bedenkt man, daß das Quadrat dieser Verlustwinkel eine gegen die Einheit sehr kleine Zahl ist, so kann man die Gleichungen (56a) und (56b) auch schreiben

$$C_1 = C_2 \frac{R_4}{R_3} \cdot \frac{1}{1 + \delta_4 \cdot \omega C_4 R_4}, \tag{56c}$$

$$\delta_1 = \omega C_4 R_4 \frac{1}{1 + \delta_4 \omega C_4 R_4}. \tag{56d}$$

Die zweite dieser Gleichungen zeigt, daß das Produkt $\omega C_4 R_4$ selbst von der Größenordnung von δ_1, also klein gegen 1 ist. Aus diesem Grunde vereinfachen sich beide Gleichungen ohne Beeinträchtigung der Genauigkeit zu

$$C_1 = C_2 \frac{R_4}{R_3}, \tag{56e}$$

$$\delta_1 = \omega C_4 R_4. \tag{56f}$$

Zur Erfüllung der beiden Bedingungsgleichungen (56e) und (56f), d. h. zum Abgleichen der Brücke, dient der Kondensator C_4, der veränderlich ist, und der Stöpselwiderstand R_3, während R_4 und C_2 unveränderlich sind. Dem Werte nach müssen bekannt sein R_3, R_4, C_2, C_4 und die Meßfrequenz ω. Der Verlustwiderstand r_4 des Kondensators C_4 ist ohne Einfluß auf die Messung und kann unbekannt bleiben. Das ist eine sehr wesentliche Tatsache.

d) Übungsbeispiel. Man weise nach, daß die Abgleichbedingungen für die in Abb. 21 dargestellte Brücke, zur Messung einer Gegeninduktivität, die folgenden sind:

$$\frac{r_3}{r_4} = \frac{r_1}{r_2} = -\left(1 + \frac{L}{M}\right)!$$

Hierin ist M der Koeffizient der gegenseitigen Induktion zwischen der Spule im Brückenzweig und der Vorschaltspule zum Brückeneingang.

Anleitung: Die in den Brückenzweigen auftretenden Spannungen sind:

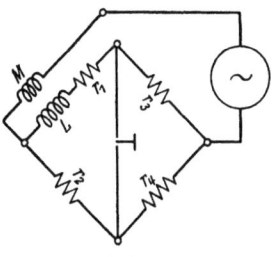

Abb. 21.

$$-r_1 \mathfrak{J}_1 - j\omega L \mathfrak{J}_1 - j\omega M(\mathfrak{J}_1 + \mathfrak{J}_2);$$
$$-r_3 \mathfrak{J}_1;$$
$$-r_2 \mathfrak{J}_2;$$
$$-r_4 \mathfrak{J}_2.$$

Das Ohmsche Gesetz gibt die zwei Spannungsgleichungen

$$-r_2 \mathfrak{J}_2 + r_1 \mathfrak{J}_1 + j\omega L \mathfrak{J}_1 + j\omega M(\mathfrak{J}_1 + \mathfrak{J}_2) = 0;$$
$$-r_4 \mathfrak{J}_2 + r_3 \mathfrak{J}_1 \qquad\qquad\qquad\qquad = 0.$$

Diese beiden Gleichungen behandle man genau so, wie das oben bei der Ableitung der allgemeinen Brückengleichung geschehen ist.

13. Geometrische Örter.

Gegeben sei eine symbolische Gleichung zwischen den Zeitvektoren $\mathfrak{A}$ und $\mathfrak{B}$ mittels eines komplexen Operators, etwa in der Form
$$\mathfrak{B} = (a + jb)\mathfrak{A}.$$

Die Größen a und b mögen irgendwie Funktionen einer beliebigen Größe s sein. Hält man den Vektor $\mathfrak{A}$ seiner Größe und Lage nach fest, läßt aber die Variable s eine Reihe von Werten durchlaufen, so ändern sich auch die Größen a und b, und es gehört notwendig zu jedem neuen Wert von s ein neuer Wert des Vektors $\mathfrak{B}$. Die Kurve, auf welcher die Endpunkte des Vektors $\mathfrak{B}$ beim Durchlaufen aller Werte von s zu liegen kommen, heißt der geometrische Ort des Vektors $\mathfrak{B}$.

In einfachen Fällen läßt sich der Charakter dieses geometrischen Ortes am Vektordiagramm ohne weiteres ablesen. Als Beispiel sei ein gewöhnlicher Stromkreis aus Ohmschem Widerstand R und Selbstinduktion L genommen. Nach dem Ohmschen Gesetz geben der Vektor $\mathfrak{U}$ der Klemmenspannung, der Vektor $-R\mathfrak{J}$ der Ohmschen Spannung und der Vektor $-j\omega L\mathfrak{J}$ der induktiven Spannung ein geschlossenes Spannungspolygon. Das zeigt das Vektordiagramm in Abb. 22.

Man nehme den Stromvektor $\mathfrak{J}$ als gegeben und fest an. Die Selbstinduktion L möge die obengenannte Variable s darstellen. Es ist ersichtlich, daß die Komponente des Spannungsvektors $\mathfrak{U}$ parallel zum Stromvektor, welche durch OQ gegeben ist und deren Amplitude RJ beträgt, für alle Werte von L dieselbe ist. Die Komponente des Spannungsvektors $\mathfrak{U}$ senkrecht zum Stromvektor $\mathfrak{J}$ ist allein veränderlich. Daraus folgt sofort, daß der geometrische Ort der Endpunkte P des Spannungsvektors $\mathfrak{U}$ durch die Senkrechte zu $\mathfrak{J}$ im Punkte Q gegeben ist, und zwar kommt nur der Teil der Senkrechten oberhalb des Stromvektors in Betracht, da L seiner Bedeutung nach keiner negativen Werte fähig ist.

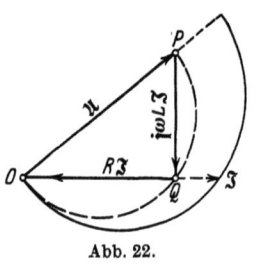

Abb. 22.

Umgekehrt möge der Spannungsvektor $\mathfrak{U}$ jetzt fest und gegeben sein. Welches ist dann der geometrische Ort des Stromvektors $\mathfrak{J}$? Einerlei wie L und sogar auch R veränderlich sein mögen, so ist auf jeden Fall der Winkel bei Q im Spannungsdreieck OQP ein rechter. Nach einem Satz aus der Planimetrie folgt daraus sofort, daß der geometrische Ort der Endpunkte Q des Vektors $R\mathfrak{J}$ der Halbkreis über OP ist mit dem Radius $\tfrac{1}{2}\overline{OP} = \tfrac{1}{2}U$. Ist nun L allein veränderlich und R konstant, so sieht man unmittelbar, daß der geometrische Ort von $\mathfrak{J}$ ebenfalls ein Halbkreis ist, und zwar mit dem Radius $U/2R$.

Es wäre unnütz, derart einfache Probleme über geometrische Örter wie das obige mit Hilfe der komplexen Symbolik zu behandeln. Genau wie die komplexe Methode dort einsetzt, wo die geometrische Behandlung von Vektordiagrammen unübersichtlich wird, tritt der Nutzen der komplexen Rechenmethode sofort hervor, wenn es sich darum handelt, geometrische Örter für kompliziertere Schaltungen zu ermitteln. Aus diesem Grunde sollen ganz einfache Beispiele über geometrische Örter nicht weiter durchgerechnet werden. Ihre Behandlung fällt außerhalb des

Rahmens der komplexen Methode. Dagegen werde sofort zur Untersuchung einer komplizierteren Gleichung zwischen zwei Vektoren $\mathfrak{A}$ und $\mathfrak{B}$ übergegangen, mit welcher der größte Teil der Probleme über geometrische Örter für elektrische Maschinen behandelt werden kann.

Die erwähnte Gleichung zwischen den beiden Vektoren $\mathfrak{A}$ und $\mathfrak{B}$ soll lauten

$$\{(e+fs)+j(g+hs)\}\mathfrak{B} = \{(a+bs)+j(c+ds)\}\mathfrak{A}. \quad (57)$$

Hierin sind die Größen a, b, c, d, e, f, g und h absolute Konstanten; s ist die Veränderliche und tritt höchstens im ersten Grade auf. Der Vektor $\mathfrak{A}$ möge festgehalten werden, d. h. seiner Größe und Richtung nach unveränderlich sein.

Den Vektor $\mathfrak{B}$ zerlege man in zwei Komponenten, davon eine in Richtung des Vektors $\mathfrak{A}$,

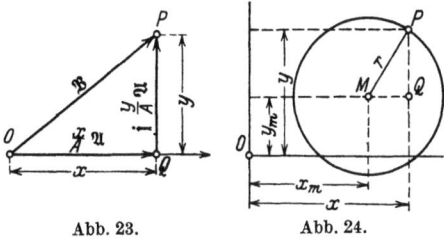

Abb. 23. Abb. 24.

die den Betrag x habe, und die andere senkrecht zum Vektor $\mathfrak{A}$ und vom Betrag y. Die erste Komponente kann man aus diesem Grunde schreiben $\frac{x}{A}\mathfrak{A}$ und die zweite $j\frac{y}{A}\mathfrak{A}$, wie es auch die Abbildung 23 darstellt. Man kann den Vektor $\mathfrak{B}$ jetzt setzen

$$\mathfrak{B} = \left(\frac{x}{A} + j\frac{y}{A}\right)\mathfrak{A}$$

und die Vektorgleichung (57) umformen in

$$\{(e+fs)+j(g+hs)\}\left(\frac{x}{A}+j\frac{y}{A}\right)\mathfrak{A} = \{(a+bs)+j(c+ds)\}\mathfrak{A}. \quad (57\text{a})$$

Die Anwendung des Satzes 2 ergibt daraus die neue Gleichung

$$\left\{\frac{(e+fs)x-(g+hs)y}{A} + j\frac{(g+hs)x+(e+fs)y}{A}\right\}\mathfrak{A} \\ = \{(a+bs)+j(c+ds)\}\mathfrak{A}. \quad (57\text{b})$$

Jetzt liegt es nahe, den Satz 4 auf die Gleichung (57b) anzuwenden. Dieser liefert sofort die beiden neuen Gleichungen

$$\frac{(e+fs)x-(g+hs)y}{A} = (a+bs), \quad (57\text{c})$$

$$\frac{(g+hs)x+(e+fs)y}{A} = (c+ds). \quad (57\text{d})$$

Aus diesen beiden Gleichungen ist die Variable s zu entfernen, damit man nur eine Beziehung zwischen den Koordinaten x und y des Punktes P in Abb. 23 bekommt. Löst man die beiden Gleichungen nach s auf, so folgt

$$s \cdot (fx - hy - bA) = aA - ex + gy;$$
$$cA - gx - ey = s \cdot (hx + fy - dA).$$

Nun multipliziere man diese Gleichungen miteinander. Hierbei fällt s heraus, und es ergibt sich nach leichtem Ordnen sowie Kürzen mit $(eh - fg)$

$$\left.\begin{array}{l} x^2 + y^2 - x\dfrac{ah + de - cf - bg}{eh - fg} A - y\dfrac{ch + af - be - dg}{eh - fg} A \\[6pt] + \dfrac{ad - bc}{eh - fg} A^2 = 0\,. \end{array}\right\} \quad (57\,\mathrm{e})$$

Die Gleichung (57e) ist die analytische Darstellung des geometrischen Ortes für den Vektor $\mathfrak{B}$. Wenn man die Richtung von $\mathfrak{A}$ als Abszissenachse nimmt, so ist x die Abszisse und y die Ordinate eines beliebigen Punktes der Ortskurve. Die erhaltene Gleichung ist die Gleichung eines Kreises, wie man leicht mit den Elementen der analytischen Geometrie findet. Denn bezeichnet man, wie in der Abb. 24 eingezeichnet, mit r den Radius eines Kreises, mit x_m die Abszisse und mit y_m die Ordinate des Kreismittelpunktes, so folgt aus dem rechtwinkligen Dreieck MQP sofort

$$(x - x_m)^2 + (y - y_m)^2 = r^2$$

oder auch

$$x^2 + y^2 - 2x_m \cdot x - 2y_m \cdot y + x_m^2 + y_m^2 - r^2 = 0\,.$$

Durch Gegenüberstellung dieser Gleichung mit der Gleichung (57e) findet man die Kreiskonstanten

$$x_m = \frac{1}{2} \cdot \frac{ah + de - cf - bg}{eh - fg} \cdot A\,, \qquad (58\,\mathrm{a})$$

$$y_m = \frac{1}{2} \cdot \frac{af + ch - be - dg}{eh - fg} \cdot A\,, \qquad (58\,\mathrm{b})$$

$$x_m^2 + y_m^2 - r^2 = \frac{ad - bc}{eh - fg} \cdot A\,. \qquad (58\,\mathrm{c})$$

Die letzte Beziehung gibt mit Benutzung der beiden ersten mittels einfacher Umrechnung das Quadrat des Radius. Man bestätige

$$r^2 = \frac{1}{4} \cdot \frac{(ah + de - cf - bg)^2 + (af + ch - be - dg)^2 - 4(ad - bc)(eh - fg)}{(eh - fg)^2} A^2\,. \quad (58\,\mathrm{d})$$

Mit Hilfe der gefundenen Ausdrücke lassen sich die Kreiskonstanten x_m, y_m, r aus den Konstanten der Vektorgleichung (57) berechnen. Die Konstruktion des geometrischen Ortes bietet dann keine Schwierigkeiten mehr, da sie mit Hilfe des Zirkels ausgeführt werden kann.

In den allermeisten Fällen genügt es aber nicht allein, den Kreis mit Hilfe der eben abgeleiteten Kreiskonstanten zu konstruieren. Vielmehr ist es außerdem notwendig, zu wissen, welcher Wert der Unabhängigen s jedem einzelnen Kreispunkt entspricht. Diese Aufgabe löst eine verhältnismäßig einfache Konstruktion, welche ihrer Wichtigkeit halber im Folgenden abgeleitet werden soll.

Zu dem angegebenen Zwecke ist es angebracht, einen speziellen Wert der Unabhängigen s und des zugehörigen Wertes von $\mathfrak{B}$ besonders hervorzuheben. Sehr nahe liegt es, den Wert ∞ für s zu nehmen. Der entsprechende Wert von $\mathfrak{B}$ sei $\mathfrak{B}_u$. Nimmt man in Gleichung (57) den Wert s sehr groß an, so ist e gegen fs, ebenso g gegen hs, a gegen bs und c gegen ds zu vernachlässigen. Dann erhält man

$$(fs + jhs)\mathfrak{B}_u = (bs + jds)\mathfrak{A}$$

oder nach Kürzung mit s

$$(f + jh)\mathfrak{B}_u = (b + jd)\mathfrak{A}. \qquad (59)$$

In der nebenstehenden Abb. 25 ist der Vektor $\mathfrak{B}$ durch die gerichtete Strecke OP, der Vektor $\mathfrak{B}_u$ durch die gerichtete Strecke OP_u dargestellt. Welchen Vektor repräsentiert dann die Strecke $P_u P$? Offenbar gibt dieser Vektor zu dem Vektor $\mathfrak{B}_u$ addiert den Vektor $\mathfrak{B}$.
Nun ist

$$(\mathfrak{B} - \mathfrak{B}_u) + \mathfrak{B}_u = \mathfrak{B}.$$

Da ebenso war

$$P_u P + \mathfrak{B}_u = \mathfrak{B},$$

sieht man, daß die Strecke $P_u P$ mit dem Vektor $\mathfrak{B} - \mathfrak{B}_u$ identisch ist.

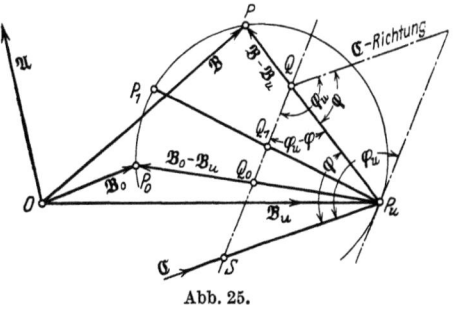

Abb. 25.

Auf der Kenntnis des Vektors $\mathfrak{B} - \mathfrak{B}_u$ beruht die abzuleitende geometrische Konstruktion. Um auf den Vektor $\mathfrak{B} - \mathfrak{B}_u$ zu kommen, muß man die Operatoren auf der linken Seite der Gleichungen (57) und (59) gleichmachen. Zu diesem Ende übe man auf die Gleichung (57) den Operator $(f + jh)$ aus. Das gibt mit Benutzung von Satz 2

$$\{(ef + f^2 s - gh - h^2 s) + j(eh + 2fhs + fg)\}\mathfrak{B}$$
$$= \{(af + bfs - ch - dhs) + j(cf + dfs + ah + bhs)\}\mathfrak{A}.$$

Entsprechend übe man auf die linke Seite und rechte Seite der Gleichung (59) den Operator $(e+fs)+j(g+hs)$ aus, wodurch man diesmal mit Satz 2 erhält

$$\{(ef + f^2 s - gh - h^2 s) + j(eh + 2fhs + fg)\}\mathfrak{B}_u$$
$$= \{(be + bfs - dg - dhs) + j(bg + dfs + de + bhs)\}\mathfrak{A}.$$

Hierauf subtrahiere man die beiden obigen Gleichungen vektoriell. Beachtet man für die linke Seite der Gleichungen den Satz 3, für die rechten Seiten den Satz 1, so folgt

$$\left.\begin{array}{l}\{(ef + f^2 s - gh - h^2 s) + j(eh + 2fhs + fg)\}(\mathfrak{B} - \mathfrak{B}_u) \\ = \{(af + dg - ch - be) + j(cf + ah - bg - be)\}\mathfrak{A}.\end{array}\right\} \quad (60)$$

Die Tatsache, daß auf der rechten Seite der Gleichung (60) die Unabhängige nicht mehr vorkommt und daß sie auf der linken Seite der Gleichung nur linear auftritt, ist sehr wesentlich. Der Vektor auf der rechten Seite der Gleichung ist daher zusammen mit $\mathfrak{A}$ ein unveränderlicher Vektor und werde zur Abkürzung mit $\mathfrak{C}$ bezeichnet. Setzt man der Kürze halber noch

$$ef - gh = k; \quad f^2 - h^2 = l; \quad eh + fg = m; \quad 2fh = n,$$

so nimmt die Gleichung die Gestalt an

$$\{(k + ls) + j(m + ns)\}(\mathfrak{B} - \mathfrak{B}_u) = \mathfrak{C}. \qquad (60\text{a})$$

Der Vektor $\mathfrak{C}$ ist in Abb. 25 eingetragen. Es ist nötig, den Winkel φ zwischen diesem Vektor und dem Vektor $\mathfrak{B} - \mathfrak{B}_u$ zu wissen. Nach den Formeln (17) erhält man

$$\cos\varphi = \frac{k + ls}{\sqrt{(k + ls)^2 + (m + ns)^2}}; \quad \sin\varphi = \frac{m + ns}{\sqrt{(k + ls)^2 + (m + ns)^2}}.$$

Läßt man den Punkt P der Ortskurve nach P_u zu wandern, bis in unmittelbare Nähe von P_u, so wird der Vektor $\mathfrak{B} - \mathfrak{B}_u$, der durch die Verbindung von P_u und P gegeben ist, schließlich in die Tangente im Punkt P_u übergehen. Setzt man daher in die obigen trigonometrischen Formeln $s = \infty$ ein, so erhält man den

Kosinus bzw. Sinus des Winkels φ_u zwischen dem Vektor $\mathfrak{C}$ und der Tangente im Punkte P_u. Das gibt

$$\cos\varphi_u = \frac{l}{\sqrt{l^2+n^2}}; \quad \sin\varphi_u = \frac{n}{\sqrt{l^2+n^2}}.$$

Nun hat man alle Unterlagen beisammen, um das Dreieck $P_u S Q$ in Abb. 25, das durch den Vektor $\mathfrak{C}$, den Vektor $\mathfrak{B}-\mathfrak{B}_u$ und durch eine Parallele zur Tangente im Punkte P_u gebildet wird, rechnerisch zu erfassen. Die Strecke $\overline{P_u S}$ ist beliebig gewählt; der ihr gegenüberliegende Winkel bei Q ist, wie eine einfache planimetrische Überlegung zeigt, gleich $\varphi_u - \varphi$. Nach dem Sinussatz muß sein

$$\overline{QS} = \overline{P_u S}\,\frac{\sin\varphi}{\sin(\varphi_u - \varphi)}.$$

Wegen einer einfachen Formel aus der Trigonometrie darf man diese Formel auch schreiben

$$\overline{QS} = \overline{P_u S}\,\frac{\sin\varphi}{\sin\varphi_u \cdot \cos\varphi - \cos\varphi_u \cdot \sin\varphi},$$

woraus sich wieder mit Benutzung der obigen Formel für $\cos\varphi$, $\sin\varphi$, $\cos\varphi_u$ und $\sin\varphi_u$ ergibt

$$\overline{QS} = \overline{P_u S} \cdot \frac{\sqrt{l^2+n^2}}{kn+ml} \cdot (m+ns). \tag{60b}$$

Speziell erhält man für den Punkt P_0 bzw. Q_0, der dem speziellen Wert $s = 0$ entspricht, aus dieser Formel

$$\overline{Q_0 S} = \overline{P_u S} \cdot \frac{\sqrt{l^2+n^2}}{kn+ml} \cdot m. \tag{60c}$$

Subtrahieren der Gleichung (60c) von (60b) liefert

$$\overline{QS} - \overline{Q_0 S} = \overline{Q_0 Q} = \overline{P_u S} \cdot \frac{\sqrt{l^2+n^2}}{kn+ml} \cdot n \cdot s. \tag{60d}$$

Auf das Ergebnis der Gleichung (60d) gründet sich die angekündigte geometrische Konstruktion des zugehörigen Wertes von s zu einem beliebigen Punkt P der Ortskurve. Man ziehe vom Unendlichkeitspunkt P_u durch den Punkt P_0 (für $s = 0$) und durch den vorgegebenen Punkt P die geraden Linien. Dann ist das auf einer Parallelen zur Tangente im Punkte P_u abgeschnittene Stück $\overline{Q_0 Q}$ proportional der Größe s, etwa $p \cdot s$. Ist nun beispielsweise noch der Punkt P_1 (für $s = 1$) gegeben, so ist das entsprechende Stück Q_0Q_1, das von der Geraden P_uP_1 abgeschnitten wird, gleich dem Proportionalitätsfaktor p selbst. Man hat also

$$\overline{Q_0Q} = \overline{Q_0Q_1} \cdot s \quad \text{oder} \quad s = \frac{\overline{Q_0Q}}{\overline{Q_0Q_1}}.$$

Wenn man den Abstand der Parallelen zur Tangente so wählt, daß $\overline{Q_0Q_1}$ gleich der Einheit wird, so gibt der Abschnitt $\overline{Q_0Q}$ unmittelbar die Unabhängige s an. Zur Konstruktion müssen daher außer dem Kreis noch die Punkte P_0, P_u, P_1 gegeben sein, die man findet, wenn man die Vektoren $\mathfrak{B}$ zu den Werten $s = 0$, $s = \infty$, $s = 1$ aus der Gleichung (57) errechnet.

14. Übungsbeispiele über geometrische Örter.

Nach Ableitung der Formeln für die Mittelpunktskoordinaten und den Radius des Kreises, den man als geometrischen Ort für den durch eine hinsichtlich der Veränderlichen s lineare Beziehung aus dem Vektor $\mathfrak{A}$ definierten Vektor $\mathfrak{B}$ erhält, ist die weitere Rechnung äußerst einfach. Es handelt sich dann nur noch darum, die Zahlenwerte für den speziellen Fall einzusetzen. Nicht immer hat man aber die Formeln vor sich zu unmittelbarer Verfügung. Man ist in diesem Fall gezwungen, sich die Formeln selbst rasch abzuleiten. Es erscheint daher ganz zweckmäßig, wenn im folgenden vor der eigentlichen Anwendung einige Übungsbeispiele gegeben werden. Diese Übungsbeispiele werden sicher insofern instruktiv sein, weil die ihnen zugrunde liegenden Vektorgleichungen nicht linear hinsichtlich der Unabhängigen s sind und somit die Tauglichkeit der hier gegebenen Methode bei Behandlung von ganz allgemeinen Vektorgleichungen zeigen.

1. Übungsbeispiel. Gegeben sei die Vektorgleichung

$$(a + jbs^2)\mathfrak{B} = (c + jds)\mathfrak{A}.$$

Der Vektor $\mathfrak{A}$ werde festgehalten, während s alle möglichen reellen Zahlen durchlaufen soll. Welches ist dann der geometrische Ort für die Endpunkte des Vektors $\mathfrak{B}$?

Lösung: Man setze, wie im Vorigen gezeigt ist,

$$\mathfrak{B} = \left(\frac{x}{A} + j\frac{y}{A}\right)\mathfrak{A}$$

Übungsbeispiele über geometrische Örter. 69

und führe diesen Ausdruck in die Vektorgleichung ein. Indem man sofort mittels Satz 2 den zusammengesetzten Operator vereinfacht, erhält man

$$\left\{\left(\frac{ax - bs^2y}{A}\right) + j\left(\frac{bs^2x + ay}{A}\right)\right\}\mathfrak{A} = (c + jds)\mathfrak{A}.$$

Nach Satz 4 muß sein

$$ax - bs^2y = cA\,; \quad bs^2x + ay = dsA.$$

Aus der ersten der beiden letzten gewonnenen Gleichungen findet man

$$s^2 = \frac{ax - cA}{by}.$$

Geht man mit diesem Wert von s^2 in die zweite Gleichung hinein, nachdem man sie vorher quadriert hat, so bekommt man durch leichte Umformung

$$[a(x^2 + y^2) - cAx]^2 = \frac{d^2A^2}{b} y(ax - cA).$$

Diese Gleichung, die analytische Darstellung der gesuchten Ortskurve, ist vom vierten Grade hinsichtlich x und y, was nicht weiter verwunderlich erscheint, da die Unabhängige s in der Vektorgleichung quadratisch auftritt.

2. Übungsbeispiel. Gegeben sei dieselbe Vektorgleichung. Nur möge jetzt der Vektor $\mathfrak{B}$ festgehalten werden. Man zeige, daß der geometrische Ort für den Vektor $\mathfrak{A}$ analytisch durch die Gleichung

$$cy^3 + xy(cx - aB) = \frac{bB}{d^2}(cx - aB)^2$$

gegeben wird, welche vom dritten Grade ist.

3. Übungsbeispiel. Gegeben sei die Vektorgleichung

$$jbs^3\mathfrak{B} = (c + jds^2)\mathfrak{A},$$

in der s alle reellen Zahlen durchlaufen möge. Man zeige, daß bei festgehaltenem Vektor $\mathfrak{A}$ die Gleichung für den geometrischen Ort von $\mathfrak{B}$ lautet

$$-b^2cx^3 = d^3A^2y,$$

während bei festgehaltenem Vektor $\mathfrak{B}$ die geometrische Ortskurve des Vektors $\mathfrak{A}$ analytisch dargestellt wird durch die Gleichung

$$(x^2 + y^2)^2 \cdot y + \frac{b^2c}{d^3} B^2 \cdot x^3 = 0,$$

welche vom fünften Grade ist.

15. Vektorgleichungen des asynchronen Drehstrommotors. Ortskurve.

Das klassische Beispiel für die Behandlung von geometrischen Örtern in der Elektrotechnik ist der asynchrone Drehstrommotor. Es kann an dieser Stelle sich allerdings nicht darum handeln, die im Ständerkreis und Läuferkreis des Motors auftretenden Spannungen genau zu analysieren. Vielmehr gehört diese Untersuchung zur Theorie der elektrischen Maschinen. Hier wird daher die Kenntnis dieser Spannungen vorausgesetzt. Aus den bekannten Spannungen sollen die Vektorgleichungen aufgebaut, die nicht interessierenden Vektoren in gewohnter Weise entfernt und aus der übrigbleibenden Vektorgleichung zwischen den interessierenden Vektoren die geometrische Ortskurve ermittelt werden.

In der Theorie der elektrischen Maschinen wird gezeigt, daß in dem Ständerkreis des Motors, und zwar in jeder Phase, die folgenden Spannungen auftreten, falls man die Eisenverluste vernachlässigt:

1. Die Klemmenspannung u. Ihr Zeitvektor ist $\mathfrak{U}$.
2. Die Ohmsche Spannung, die dem Ständerstrom i_1, dessen Amplitude J_1 ist, um 180° zeitlich nacheilt und deren Amplitude durch das Produkt von r_1 und J_1 gegeben wird, wo r_1 den Ohmschen Widerstand einer Ständerphase bedeutet. Der Vektor der Ohmschen Spannung wird daher durch $-r_1\mathfrak{J}_1$ dargestellt.
3. Eine induktive Spannung, die dem Ständerstrom um 90° zeitlich nacheilt und deren Amplitude der Amplitude J_1 proportional ist. Der Vektor dieser Spannung kann daher durch den Ausdruck $-jk_1\mathfrak{J}_1$ dargestellt werden.
4. Eine induktive Spannung, die dem Läuferstrom i_2, dessen Amplitiude J_2 ist, um 90° zeitlich nacheilt und deren Amplitude proportional J_2 ist. Den Vektor dieser Spannung stellt man durch den Ausdruck $-jk_{12}\mathfrak{J}_2$ dar.

Ebenso wird gezeigt, daß in dem Läuferkreis des Motors die folgenden Spannungen in jeder Phase auftreten:

5. Die Ohmsche Spannung, die dem Läuferstrom um 180° zeitlich nacheilt und deren Amplitude gleich dem Produkt von J_2 und r_2 ist, wo r_2 den Ohmschen Widerstand einer Läuferphase bedeutet. Der Vektor der Ohmschen Spannung wird daher durch $-r_2\mathfrak{J}_2$ dargestellt.

Vektorgleichungen des asynchronen Drehstrommotors. Ortskurve. 71

6. Eine induktive Spannung, die dem Läuferstrom um 90° zeitlich nacheilt und deren Amplitude der Amplitude J_2 und der Schlüpfung s proportional ist. Der Vektor dieser Spannung kann daher durch den Ausdruck $-jsk_2\mathfrak{J}_2$ dargestellt werden. Die Schlüpfung ist die veränderliche Unabhängige; beim Stillstand des Läufers hat man $s = 1$, bei Synchronismus des Läufers $s = 0$.

7. Eine induktive Spannung, die dem Ständerstrom i_1 um 90° in der Phase zeitlich nacheilt und deren Amplitude der Amplitude von i_1 und der Schlüpfung s proportional ist. Den Vektor dieser Spannung stellt man dar durch den Ausdruck $-jsk_{21}\mathfrak{J}_1$. Die Theorie zeigt noch, daß zwischen den Koeffizienten k_{12} und k_{21} Gleichheit besteht, was jedoch für das Folgende belanglos ist.

Die Summe der Spannungsvektoren unter 1. bis 4. werde mit $\mathfrak{P}$, die der Vektoren unter 5. bis 7. mit $\mathfrak{Q}$ bezeichnet. Diese Festsetzung lautet in Gleichungen geschrieben

$$\mathfrak{P} = \mathfrak{U} - r_1\mathfrak{J}_1 + j(-k_1\mathfrak{J}_1) + j(-k_{12}\mathfrak{J}_2);$$
$$\mathfrak{Q} = \phantom{\mathfrak{U}} - r_2\mathfrak{J}_2 + j(-sk_2\mathfrak{J}_2) + j(-sk_{21}\mathfrak{J}_1).$$

Für jede Phase besteht solch ein Vektor $\mathfrak{P}$ und $\mathfrak{Q}$. Bei Dreiphasenmotoren hat man also die Vektoren $\mathfrak{P}_I$, $\mathfrak{Q}_I$, $\mathfrak{P}_{II}$, $\mathfrak{Q}_{II}$, $\mathfrak{P}_{III}$, $\mathfrak{Q}_{III}$. Dabei sind aus Symmetriegründen die Amplituden aller Vektoren $\mathfrak{P}$ untereinander und aller $\mathfrak{Q}$ untereinander gleich. Nur die Richtung ist verschieden, und zwar ist der Phasenwinkel zwischen zwei aufeinanderfolgenden Vektoren $\mathfrak{P}$ bzw. $\mathfrak{Q}$ immer 360° dividiert durch n, wenn n die Zahl der Phasen bedeutet. Mit je zwei beliebigen Phasen, einerlei ob zwei des Ständers oder zwei des Läufers, kann man bei Sternschaltung einen geschlossenen Stromkreis bilden und auf denselben das Ohmsche Gesetz anwenden. Vektoriell lautet das z. B. für die Phasen I und II, da die Phase II naturgemäß im umgekehrten Sinne wie die Phase I durchlaufen wird,

$$\mathfrak{P}_I - \mathfrak{P}_{II} = 0; \quad \mathfrak{Q}_I - \mathfrak{Q}_{II} = 0$$

oder auch durch Herüberschaffen des Vektors der Phase II

$$\mathfrak{P}_I = \mathfrak{P}_{II}; \quad \mathfrak{Q}_I = \mathfrak{Q}_{II}.$$

Vektoren, die verschiedene Richtung haben, können jedoch nur gleich sein, wenn jeder gleich Null ist. Diese Überlegung gibt im vorliegenden Fall

$$\mathfrak{P} = 0; \quad \mathfrak{Q} = 0,$$

was ausführlicher geschrieben lautet
$$\mathfrak{U} - r_1 \mathfrak{I}_1 + j(-k_1 \mathfrak{I}_1) + j(-k_{12}\mathfrak{I}_2) = 0;$$
$$-r_2 \mathfrak{I}_2 + j(-sk_2 \mathfrak{I}_2) + j(-sk_{21}\mathfrak{I}_1) = 0.$$

Damit sind die Vektorgleichungen des asynchronen Drehstrommotors, sowohl für den Ständer als für den Läufer, gewonnen. Von den Vektoren interessiert nur der Klemmenspannungsvektor $\mathfrak{U}$ und der Ständerstromvektor $\mathfrak{I}_1$. Der Vektor $\mathfrak{I}_2$ ist zu eliminieren; das geschieht sehr einfach. Zunächst schreibe man die Vektorgleichungen folgendermaßen um

$$j k_{12}\mathfrak{I}_2 = \mathfrak{U} + (-r_1 + j(-k_1))\mathfrak{I}_1;$$
$$(r_2 + jsk_2)\mathfrak{I}_2 = j(-sk_{21}\mathfrak{I}_1).$$

Dann übe man auf die erste Gleichung den Operator $(r_2 + jsk_2)$, auf die zweite Gleichung den Operator jk_{12} aus, wobei man sofort Anwendung von Satz 2 und 3 macht. So erhält man die beiden neuen Gleichungen

$$(-sk_2 k_{12} + jr_2 k_{12})\mathfrak{I}_2 = (r_2 + jsk_2)\mathfrak{U} - (r_1 r_2 - sk_1 k_2)\mathfrak{I}_1$$
$$+ j(-r_1 sk_2 - r_2 k_1)\mathfrak{I}_1;$$
$$(-sk_2 k_{12} + jr_2 k_{12})\mathfrak{I}_2 = sk_{12} \cdot k_{21}\mathfrak{I}_1.$$

Wenn zwei Vektoren je einem dritten Vektor gleich sind, so sind sie auch untereinander gleich. Diese Schlußfolgerung liefert die neue Vektorgleichung

$$sk_{12}k_{21}\mathfrak{I}_1 = (r_2 + jsk_2)\mathfrak{U} - (r_1 r_2 - sk_1 k_2)\mathfrak{I}_1 + j(-r_1 sk_2 - r_2 k_1)\mathfrak{I}_1,$$

welche nach Ordnen unter Anwendung von Satz 1 lautet

$$\{(r_1 r_2 + sk_{21}k_{12} - sk_1 k_2) + j(r_1 sk_2 + r_2 k_1)\}\mathfrak{I}_1 = (r_2 + jsk_2)\mathfrak{U}. \quad (61)$$

Die Vektorgleichung (61) stellt eine Beziehung zwischen dem Klemmenspannungsvektor und dem Ständerstromvektor dar. Die unabhängige Veränderliche s tritt linear auf. Die Beziehung ist demnach ein Spezialfall der allgemeinen Beziehung (57). Hält man den Vektor der Klemmenspannung fest, was allein praktisch in Frage kommt, da die Klemmenspannung immer vorgegeben ist, so beschreibt der Endpunkt des Ständerstromvektors bei veränderlicher Schlüpfung einen Kreis. Im vorliegenden Fall sind die Koeffizienten a, b, c, d, e, f, g, h, wie man durch Vergleichung der Vektorbeziehungen (57) und (61) findet,

$$a = r_2; \quad b = 0; \quad c = 0; \quad d = k_2; \quad e = r_1 r_2;$$
$$f = k_{12}k_{21} - k_1 k_2; \quad g = r_2 k_1; \quad h = r_1 k_2.$$

Durch Einsetzen dieser Werte in die Formel (58a), (58b) und (58d) findet man mühelos die Kreiskonstanten zu

$$\left.\begin{aligned}
x_m &= \frac{\frac{r_1}{k_1}}{\left(\frac{r_1}{k_1}\right)^2 + \left(1 - \frac{k_{12}k_{21}}{k_1 k_2}\right)} \cdot \frac{U}{k_1}; \\
y_m &= -\frac{1 + \left(1 - \frac{k_{12}k_{21}}{k_1 k_2}\right)}{2} \cdot \frac{1}{\left(\frac{r_1}{k_1}\right)^2 + \left(1 - \frac{k_{12}k_{21}}{k_1 k_2}\right)} \cdot \frac{U}{k_1}; \\
r &= \frac{1 - \left(1 - \frac{k_{12}k_{21}}{k_1 k_2}\right)}{2} \cdot \frac{1}{\left(\frac{r_1}{k_1}\right)^2 + \left(1 - \frac{k_{12}k_{21}}{k_1 k_2}\right)} \cdot \frac{U}{k_1}.
\end{aligned}\right\} \quad (62)$$

Die in allen drei Formeln (62) auftretende Größe

$$1 - \frac{k_{12}k_{21}}{k_1 k_2} \qquad (62\,\text{a})$$

wird allgemein als die Gesamtstreuung des Motors bezeichnet und mit σ abgekürzt. Beim idealen streuungslosen Motor sind nämlich $k_1 \cdot k_2$ und $k_{12} \cdot k_{21}$ einander gleich, weshalb dann σ gleich Null wird. Mit der Abkürzung σ nehmen die Kreiskonstanten eine einfache Gestalt an. Es ergibt sich

$$\left.\begin{aligned}
x_m &= \frac{\frac{r_1}{k_1}}{\left(\frac{r_1}{k_1}\right)^2 + \sigma} \cdot \frac{U_1}{k_1}; \qquad y_m = -\frac{1+\sigma}{2} \cdot \frac{1}{\left(\frac{r_1}{k_1}\right)^2 + \sigma} \cdot \frac{U}{k_1}; \\
r_m &= \frac{1-\sigma}{2} \cdot \frac{1}{\left(\frac{r_1}{k_1}\right)^2 + \sigma} \cdot \frac{U}{k_1}.
\end{aligned}\right\} \quad (62\,\text{b})$$

Um die Schlüpfung, wie früher gezeigt wurde, für jeden Kreispunkt in geometrischer Weise zu finden, ist es notwendig, die Kreispunkte für die speziellen Werte $s = 0$, $s = 1$, $s = \infty$ zu konstruieren. Dazu muß man wieder die Stromvektoren für diese Spezialwerte kennen. So erweist es sich als erforderlich, in der Vektorgleichung (61), welche den Stromvektor mit dem Spannungsvektor verknüpft, den Operator vor dem Stromvektor reell zu machen. Zunächst führe man zur Vereinfachung in die Gleichung (61) die Streuung σ ein, wodurch man bekommt

$$\{(r_1 r_2 - \sigma s\, k_1 k_2) + j(r_1 s\, k_2 + r_2 k_1)\}\, \mathfrak{J}_1 = (r_2 + j s\, k_2)\, \mathfrak{U}. \qquad (63)$$

Hierauf übe man auf die Gleichung den Operator
$$(r_1 r_2 - \sigma s k_1 k_2) + j(-(r_1 s k_2 + r_2 k_1))$$
aus. Die Anwendung des Satzes 2 gibt dann

$$\begin{aligned}\{r_1^2 r_2^2 + \sigma^2 s^2 k_1^2 k_2^2 + r_2^2 k_1^2 + r_1^2 s^2 k_2^2 + 2(1-\sigma) r_1 r_2 s k_1 k_2\} \mathfrak{J}_1 \\ = \{[r_1 r_2^2 + r_1 s^2 k_2^2 + (1-\sigma) r_2 s k_1 k_2] + j[-r_2^2 - \sigma s k_2^2] k_1\} \mathfrak{U}.\end{aligned} \quad (63\,\text{a})$$

Aus dieser Beziehung kann man sofort den Wert x der Komponente von $\mathfrak{J}_1$ in Richtung von $\mathfrak{U}$, ebenso den Wert y der Komponente von $\mathfrak{J}_1$ senkrecht zu $\mathfrak{U}$ ablesen. Man bestätige

$$\left.\begin{aligned} x &= \frac{r_1 r_2^2 + r_1 s^2 k_2^2 + (1-\sigma) r_2 s k_1 k_2}{r_1^2 r_2^2 + \sigma^2 s^2 k_1^2 k_2^2 + r_2^2 k_1^2 + r_1^2 s^2 k_2^2 + 2(1-\sigma) r_1 r_2 s k_2 k_1} \cdot U; \\ y &= \frac{-k_1(r_2^2 + \sigma s k_2^2)}{r_1^2 r_2^2 + \sigma^2 s^2 k_1^2 k_2^2 + r_2^2 k_1^2 + r_1^2 s^2 k_2^2 + 2(1-\sigma) r_1 r_2 s k_2 k_1} \cdot U. \end{aligned}\right\} \quad (63\,\text{b})$$

Speziell erhält man für die Werte $s = 0$ und $s = \infty$, was eine einfache Rechnung ergibt,

$$\left.\begin{aligned} x_0 &= \frac{\dfrac{r_1}{k_1}}{\left(\dfrac{r_1}{k_1}\right)^2 + 1} \cdot \frac{U}{k_1}; \qquad y_0 = -\frac{1}{\left(\dfrac{r_1}{k_1}\right)^2 + 1} \cdot \frac{U}{k_1}; \\ x_u &= \frac{\dfrac{r_1}{k_1} + (1-\sigma)\dfrac{r_2}{k_2}}{\sigma^2 + \left(\dfrac{r_1}{k_1}\right)^2 + 2(1-\sigma)\dfrac{r_1}{k_1}\dfrac{r_2}{k_2}} \cdot \frac{U}{k_1}; \\ y_u &= -\frac{\sigma}{\sigma^2 + \left(\dfrac{r_1}{k_1}\right)^2 + 2(1-\sigma)\dfrac{r_1}{k_1}\dfrac{r_2}{k_2}} \cdot \frac{U}{k_1}. \end{aligned}\right\} \quad (63\,\text{c})$$

Zur Ermittlung des Anlaufpunktes genügt es, wenn man die Richtung des Stromvektors für $s = 1$ kennt. Zwar schneidet dieser Vektor oder seine Verlängerung den Kreis noch in einem zweiten Punkt, doch gibt es zumeist keinen Zweifel, welcher von den beiden Punkten als der Endpunkt des Stromvektors in Frage kommt. Für den Winkel zwischen Strom und Spannungsvektor liefert die Formel (17) und die obige Gleichung (63a) in gewohnter Weise

$$\operatorname{tg}\varphi = \frac{k_1(r_2^2 + \sigma s k_2^2)}{r_1 r_2^2 + r_1 k_2^2 s^2 + (1-\sigma) r_2 s k_1 k_2}. \qquad (63\,\text{d})$$

Man hat nur noch nötig, in dieser Formel $s = 1$ zu setzen. Es genügt wohl, wenn ganz kurz hingewiesen wird, daß man auch die Punkte für $s = 0$ und $s = \infty$ auf diese Weise konstruieren kann, wenn es zweifelsfrei ist, welcher von den beiden Schnittpunkten der Vektorgeraden mit dem Kreis genommen werden muß.

III. Kettenleiter.
16. Trigonometrische Form des Operators.

Bei Definition des komplexen Operators im 5. Kapitel wurde der Operator $(a+jb)\mathfrak{A}$ erläutert. Der durch diese Operation aus dem Vektor $\mathfrak{A}$ hervorgegangene Vektor $\mathfrak{B}$ ist gegen den Vektor $\mathfrak{A}$ um einen Winkel φ im Sinne der Voreilung gedreht, der, wie dort gezeigt wurde, aus den Formeln

$$\cos\varphi = \frac{a}{\sqrt{a^2+b^2}}; \quad \sin\varphi = \frac{b}{\sqrt{a^2+b^2}} \tag{17}$$

berechnet werden kann. Der Betrag B des Vektors $\mathfrak{B}$ ist gemäß Gleichung (16) $\sqrt{a^2+b^2}$-mal größer als der Betrag A des Vektors $\mathfrak{A}$. Bezeichnet man hinfort die Quadratwurzel $\sqrt{a^2+b^2}$ mit z, wie im 10. Kapitel festgesetzt, so lautet die Beziehung zwischen den Beträgen B und A

$$\frac{B}{A} = \sqrt{a^2+b^2} = z. \tag{16}$$

Für die Komponente $a\mathfrak{A}$ des Vektors $\mathfrak{B}$ in Richtung von $\mathfrak{A}$ bekommt man aus den Formeln (17)

$$a\mathfrak{A} = \sqrt{a^2+b^2} \cdot \cos\varphi \cdot \mathfrak{A} = z\cos\varphi\,\mathfrak{A}.$$

Ähnlich folgt für die Komponente $jb\mathfrak{A}$ senkrecht zum Vektor $\mathfrak{A}$

$$jb\mathfrak{A} = j\sqrt{a^2+b^2}\sin\varphi \cdot \mathfrak{A} = jz\sin\varphi\,\mathfrak{A}.$$

Nach diesen Bemerkungen erkennt man unmittelbar, daß man den Vektor $\mathfrak{B}$ durch die zwei identischen Ausdrücke darstellen darf

$$\mathfrak{B} = (a+jb)\mathfrak{A} = (z\cos\varphi + jz\sin\varphi)\mathfrak{A}, \tag{64}$$

worin z und φ die obengenannte Bedeutung haben.

Man kommt zu dem durch die Gleichung (64) definierten Vektor $\mathfrak{B}$ auch so, daß man zunächst den Vektor $\mathfrak{A}$ um den Winkel φ dreht, ohne seinen Betrag zu ändern. Dieser Vektor, der so entsteht, sei $\mathfrak{B}'$. Nach Formel (18) gilt dann

$$\mathfrak{B}' = (\cos\varphi + j\sin\varphi)\mathfrak{A}. \tag{64a}$$

Vergrößert man den Absolutwert A des Vektors $\mathfrak{B}'$, indem man denselben mit z multipliziert, so geht der Vektor $\mathfrak{B}$ hervor. Man hat demnach auch

$$\mathfrak{B} = (a+jb) = z(\cos\varphi + j\sin\varphi)\mathfrak{A}. \tag{64b}$$

Daß der einfache Operator $(z \cos\varphi + jz \sin\varphi)$ und der zusammengesetzte Operator $z \cdot (\cos\varphi + j \sin\varphi)$ dasselbe besagen, sieht man sofort ein, wenn man auf den letzteren den Satz 2 anwendet.

Mit Hilfe der trigonometrischen Form des Operators läßt sich das Resultat des n mal ausgeübten Operators $(\cos\varphi + j \sin\varphi)$

$$\mathfrak{B} = (\cos\varphi + j\sin\varphi) \ldots (\cos\varphi + j\sin\varphi)\mathfrak{A},$$

oder in zweckmäßiger abgekürzter Schreibweise

$$\mathfrak{B} = (\cos\varphi + j\sin\varphi)^n \mathfrak{A},$$

sofort finden. Durch den Operator wird am Betrag des Vektors $\mathfrak{A}$ nichts geändert, sondern der Vektor $\mathfrak{A}$ jedesmal nur um den Winkel φ gedreht. Der Vektor $\mathfrak{B}$ hat also denselben Betrag wie der Vektor $\mathfrak{A}$ und ist gegen diesen um den Winkel $n\varphi$, wegen der n Operationen, gedreht. Die Formel (18) gibt daher sofort das Ergebnis

$$\mathfrak{B} = (\cos\varphi + j\sin\varphi)^n \mathfrak{A} = (\cos n\varphi + j\sin n\varphi)\mathfrak{A}. \qquad (65)$$

Durch eine ähnliche Betrachtung zeige der Leser, daß die folgenden Behauptungen zu Recht bestehen.

Behauptung 1:
$$(a + jb)^n \mathfrak{A} = (z\cos\varphi + jz\sin\varphi)^n \mathfrak{A} = z^n(\cos n\varphi + j\sin n\varphi)\mathfrak{A}.$$

Behauptung 2:
$$z_1(\cos\varphi_1 + j\sin\varphi_1) \cdot z_2(\cos\varphi_2 + j\sin\varphi_2)\mathfrak{A} = z_1 z_2 (\cos(\varphi_1 + \varphi_2) + j\sin(\varphi_1 + \varphi_2)).$$

Man hat nur zu beachten, daß jetzt außer der Drehung des Vektors gleichzeitig eine Vergrößerung des Betrages eintritt. Die Verallgemeinerung der Behauptung 2 auf mehr als zwei Operatoren liegt nahe, und es macht keine Mühe, das Ergebnis sofort hinzuschreiben.

17. Spulen-Siebkette.

Bevor die Kettenleiter, bei deren Untersuchung der Nutzen der komplexen Symbolik in besonders hervorragendem Maße hervortritt, in allgemeiner Weise behandelt werden, erscheint es zweckmäßig, zunächst einen speziellen Kettenleiter ausführlich zu studieren. Die Rechnung gestaltet sich einfacher; die Diskussion der Ergebnisse wird übersichtlicher, während die Verallgemeinerung später ohne Schwierigkeiten vorgenommen werden kann.

Der zu untersuchende Kettenleiter ist in Abb. 26 schematisch dargestellt. Er ist zusammengesetzt aus n gleich gebauten Kettengliedern, die in der angegebenen Weise nur Selbstinduktion und Kapazität enthalten. An das Kettenglied des Anfanges der Kette, das 1. Kettenglied, ist ein Ohmscher Widerstand angeschlossen. Das Kettenglied des Endes der Kette, das n-te Kettenglied, liegt direkt an der Klemmenspannung u.

An erster Stelle sind die Strom-Spannungsgleichungen aufzusuchen. Es interessieren nur die Spannungen am Anfang und am

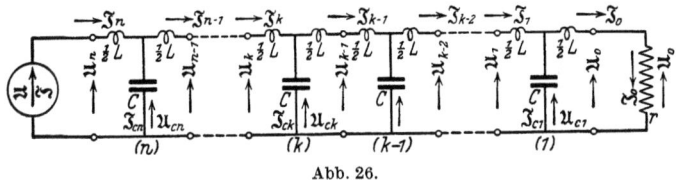

Abb. 26.

Ende eines jeden Gliedes, z. B. $\mathfrak{U}_k$ und $\mathfrak{U}_{k-1}$, sowie der in jedes Kettenglied eintretende Strom, z. B. $\mathfrak{J}_k$ und der aus jedem Kettenglied austretende Strom, z. B. $\mathfrak{J}_{k-1}$. Die Spannungen $\mathfrak{U}_{ck}$ an den Kondensatoren und die von den Kondensatoren aufgenommenen Ströme $\mathfrak{J}_{ck}$ haben nur für die Zwischenrechnung eine Bedeutung. Wendet man das Ohmsche Gesetz auf den geschlossenen Stromkreis an, der durch den k-ten Kondensator, die Selbstinduktion $\tfrac{1}{2} \cdot L$ und die Spannung $\mathfrak{U}_{k-1}$ an der Verbindungsstelle des k-ten Gliedes mit dem $(k-1)$-ten Gliede gebildet wird, so bekommt man

$$\mathfrak{U}_{ck} - j\frac{\omega L}{2}\mathfrak{J}_{k-1} - \mathfrak{U}_{k-1} = 0,$$

oder auch

$$\mathfrak{U}_{ck} = \mathfrak{U}_{k-1} + j\frac{\omega L}{2}\mathfrak{J}_{k-1}.$$

Der in dem Kondensator fließende Strom eilt der Kondensatorspannung um 90° nach. Mithin erhält man weiter

$$\mathfrak{J}_{ck} = j(-\omega C)\mathfrak{U}_{ck} = j\left[-\omega C\left(\mathfrak{U}_{k-1} + j\frac{\omega L}{2}\mathfrak{J}_{k-1}\right)\right],$$

was man unter Anwendung von Satz 3 und Satz 2 umformen kann zu

$$\mathfrak{J}_{ck} = -j\omega C\mathfrak{U}_{k-1} + \frac{\omega^2 LC}{2}\mathfrak{J}_{k-1}.$$

Hierauf übe man die Kirchhoffsche Regel auf die Verbindungsstelle zwischen den beiden Induktivitäten $\frac{1}{2}L$ und dem Kondensator des k-ten Kettengliedes aus. Die Regel lautet in diesem Falle

$$\mathfrak{J}_k + \mathfrak{J}_{ck} - \mathfrak{J}_{k-1} = 0,$$

oder, was dasselbe ist,

$$\mathfrak{J}_k = \mathfrak{J}_{k-1} - \mathfrak{J}_{ck}.$$

Ersetzt man den Stromvektor $\mathfrak{J}_{ck}$ durch den oben gefundenen Ausdruck, so bekommt man mittels Satz 1

$$\mathfrak{J}_k = \left(1 - \frac{\omega^2 LC}{2}\right)\mathfrak{J}_{k-1} + j\omega C\mathfrak{U}_{k-1}. \tag{66}$$

Nun ist das Ohmsche Gesetz noch auf den Schlußteil des k-ten Gliedes auszuüben, und zwar auf den geschlossenen Kreis, der durch den k-ten Kondensator, der Selbstinduktion $\frac{1}{2} \cdot L$ und der Spannung $\mathfrak{U}_k$ an der Verbindungsstelle zwischen dem k-ten Kettenglied und dem $(k+1)$-ten Kettenglied gebildet wird. Man verfolgt leicht, daß man dadurch die Vektorgleichung erhält

$$\mathfrak{U}_k - j\frac{\omega L}{2}\mathfrak{J}_k - \mathfrak{U}_{ck} = 0,$$

oder nach Ersetzung von $\mathfrak{J}_k$ und $\mathfrak{U}_{ck}$ durch die oben gefundenen Ausdrücke, sowie nach Anwendung der Sätze 3, 2 und 1

$$\mathfrak{U}_k = \left(1 - \frac{\omega^2 LC}{2}\right)\mathfrak{U}_{k-1} + j\omega L\left(1 - \frac{\omega^2 LC}{4}\right)\mathfrak{J}_{k-1}. \tag{66a}$$

Zur Aufstellung des Gleichungspaares (66) und (66a) wurde, wovon man sich noch nachträglich überzeuge, nur das k-te Kettenglied herangezogen, dies aber vollkommen. Da die Kette aus n Gliedern besteht, kann man im ganzen n Gleichungspaare aufstellen, die alle aus (66) und (66a) hervorgehen, wenn man dort für k nacheinander sämtliche Zahlen von 1 bis n einsetzt. Entsprechend den $2n$ Gleichungen gibt es $2n$ unbekannte Vektoren, nämlich die Stromvektoren $\mathfrak{J}_1$ bis $\mathfrak{J}_n$ und die Spannungsvektoren $\mathfrak{U}_1$ bis $\mathfrak{U}_n$. Der Fektor $\mathfrak{U}_n$ ist identisch mit dem Klemmenspannungsvektor $\mathfrak{U}$, der Vektor $\mathfrak{J}_n$ identisch mit dem Stromvektor $\mathfrak{J}$ der Spannungsquelle. Aus dem Gleichungspaar (66) und (66a) entnimmt man mühelos, daß, wenn die Vektoren $\mathfrak{J}_{k-1}$ und $\mathfrak{U}_{k-1}$ bereits bekannt sind, die Vektoren $\mathfrak{J}_k$ und $\mathfrak{U}_k$ sofort und unverzüglich berechnet werden können. Sind also die Vektoren $\mathfrak{U}_0$ und $\mathfrak{J}_0$ vorgegeben, so bekommt man aus dem ersten

Gleichungspaar ($k = 1$) die Vektoren $\mathfrak{J}_1$ und $\mathfrak{U}_1$, aus dem zweiten dann ($k = 2$) $\mathfrak{J}_2$ und $\mathfrak{U}_2$, aus dem n-ten Gleichungspaar ($k = n$) schließlich die Vektoren $\mathfrak{J}_n = \mathfrak{J}$ und $\mathfrak{U}_n = \mathfrak{U}$. An und für sich sind deshalb die Vektoren $\mathfrak{U}_0$ und $\mathfrak{J}_0$ vollkommen willkürlich. Wegen des am Anfang der Kette eingeschalteten Widerstandes r besteht jedoch zwischen beiden Vektoren die Beziehung

$$\mathfrak{U}_0 = r\mathfrak{J}_0.$$

In dieser Gleichung ist beiderseits das positive Vorzeichen zu nehmen, da die Richtung von $\mathfrak{U}_0$ und $\mathfrak{J}_0$ entgegengesetzt ist. Man nimmt also den Vektor $\mathfrak{J}_0$ beliebig an, bestimmt aus der obigen Gleichung $\mathfrak{U}_0$ und geht mit diesen beiden Werten in die n Gleichungspaare hinein.

Aus dem Dargelegten erkennt man, daß man schrittweise alle Vektoren $\mathfrak{J}_k$ und $\mathfrak{U}_k$ nacheinander berechnen kann und daß zur weiteren Erläuterung eigentlich weiter nichts mehr übrigbleibt. Die fernere Rechnung ist im Prinzip sehr einfach, und das Problem führt zu einer ganz eindeutigen Lösung. Die angegebene Lösungsmethode gestattet jedoch nicht, den Einfluß der Kettengliedkonstanten C und L, der Endschaltung r sowie der Kreisfrequenz ω auf die Größe und Richtung der Vektoren $\mathfrak{U}_k$, $\mathfrak{J}_k$ in übersichtlicher Weise darzulegen. Um dieses Ziel zu erreichen, muß man eine andere Lösungsmethode suchen. Da feststeht, daß das Problem nur eine einzige Lösung zuläßt, ist es naheliegend, einen Probeansatz zu versuchen, mit dem man in das Gleichungspaar (66) und (66a) hineingeht. Der Ansatz möge lauten

$$\mathfrak{J}_k = \mathfrak{x}^k \mathfrak{A}; \quad \mathfrak{U}_k = \mathfrak{x}^k \mathfrak{B}. \tag{67}$$

Der Sinn dieses Ansatzes ist der folgende. $\mathfrak{A}$ und $\mathfrak{B}$ seien zwei unbekannte Vektoren, ebenso $\mathfrak{x}$ ein unbekannter Operator. Übt man den Operator $\mathfrak{x}$ im ganzen k-mal hintereinander auf den Vektor $\mathfrak{A}$ aus, so soll der Stromvektor $\mathfrak{J}_k$ hervorgehen; übt man denselben Operator ebensooft auf den Vektor $\mathfrak{B}$ aus, so soll der Spannungsvektor $\mathfrak{U}_k$ hervorgehen. Nun führe man den Ansatz (67) in das Gleichungspaar (66) und (66a) ein. Wenn man bedenkt, daß die Reihenfolge in der Ausübung von Operatoren immer gleichgültig ist, so nimmt das Gleichungspaar die Gestalt an

$$\mathfrak{x}^k \mathfrak{A} = \mathfrak{x}^{k-1}\left(1 - \frac{\omega^2 LC}{2}\right)\mathfrak{A} + \mathfrak{x}^{k-1} j\omega C \mathfrak{B}.$$
$$\mathfrak{x}^k \mathfrak{B} = \mathfrak{x}^{k-1}\left(1 - \frac{\omega^2 LC}{2}\right)\mathfrak{B} + \mathfrak{x}^{k-1} \cdot j\omega L\left(1 - \frac{\omega^2 LC}{4}\right)\mathfrak{A}.$$

Diese beiden Gleichungen gehen aus den beiden folgenden

$$\mathfrak{x}\mathfrak{A} = \left(1 - \frac{\omega^2 L C}{2}\right)\mathfrak{A} + j\omega C \mathfrak{B}; \qquad (67\,\mathrm{a})$$

$$\mathfrak{x}\mathfrak{B} = \left(1 - \frac{\omega^2 L C}{2}\right)\mathfrak{B} + j\omega L \left(1 - \frac{\omega^2 L C}{4}\right)\mathfrak{A} \qquad (67\,\mathrm{b})$$

hervor, wenn man auf diese den Operator $\mathfrak{x}$ im ganzen $(k-1)$-mal ausübt, was man auf der rechten Seite der Gleichungen wegen Satz 3 gliedweise ausführen darf. Diese beiden Gleichungspaare sind daher identisch. In dem letzten Gleichungspaar (67a) und (67b) tritt die Größe k nicht mehr auf. Dieses gilt daher für alle Kettenglieder. Die Gleichungen (66) und (66a) werden daher durch den Ansatz (67) tatsächlich befriedigt.

Wenn man den Probeansatz (67) speziell für das erste Kettenglied ausführen will, so benötigt man den Ausdruck für die beiden Vektoren $\mathfrak{J}_0$ und $\mathfrak{U}_0$. Nach dem Ansatz müßte rein formal sein

$$\mathfrak{J}_0 = \mathfrak{x}^0 \mathfrak{A} \quad \text{und} \quad \mathfrak{U}_0 = \mathfrak{x}^0 \mathfrak{B},$$

ohne daß man zunächst weiß, welches die Bedeutung des Operators $\mathfrak{x}^0$ sein soll. Man beseitigt jedoch jeden Zweifel, sobald man in Übereinstimmung mit dem Ansatz setzt

$$\mathfrak{J}_1 = \mathfrak{x}\mathfrak{A} \quad \text{sowie} \quad \mathfrak{U}_1 = \mathfrak{x}\mathfrak{B}$$

und weiter, vorläufig willkürlich, annimmt

$$\mathfrak{J}_0 = \mathfrak{A}; \quad \mathfrak{U}_0 = \mathfrak{B}.$$

Setzt man diese Ausdrücke in das Gleichungspaar (66) und (66a) ein, so kommt man unmittelbar auf die bereits gefundenen Bestimmungsgleichungen (67a) und (67b) für $\mathfrak{x}$, $\mathfrak{A}$ und $\mathfrak{B}$. Man darf daher den Operator $\mathfrak{x}^0$ mit 1 identifizieren und für alle späteren Rechnungen $\mathfrak{x}^0 = 1$ annehmen.

Es gilt nun, den Operator $\mathfrak{x}$ zu berechnen. Zu diesem Zweck ordne man das Gleichungspaar (67a) und (67b) nach den Vektoren $\mathfrak{A}$ und $\mathfrak{B}$. Man erhält dann unter Berücksichtigung von Satz 1 die neuen Gleichungen

$$\left(\mathfrak{x} - 1 + \frac{\omega^2 L C}{2}\right)\mathfrak{A} = j\omega C \mathfrak{B}; \qquad (67\,\mathrm{c})$$

$$j\omega L\left(1 - \frac{\omega^2 L C}{4}\right)\mathfrak{A} = \left(\mathfrak{x} - 1 + \frac{\omega^2 L C}{2}\right)\mathfrak{B}. \qquad (67\,\mathrm{d})$$

Nun übe man auf die erste dieser Gleichungen den Operator $(\mathfrak{x} - 1 + \tfrac{1}{2}\omega^2 L C)$, auf die zweite den Operator $j\omega C$ aus. Dabei

Spulen-Siebkette.

beachte man den Satz 2. Ferner denke man an den allgemeinen Satz, daß, wenn zwei Vektoren einem dritten Vektor gleich sind, diese auch untereinander gleich sein müssen. Auf diese Weise bekommt man eine Bestimmungsgleichung für $\mathfrak{x}$ allein, die lautet

$$(\mathfrak{x} - 1 + \tfrac{1}{2}\omega^2 LC)^2 \mathfrak{A} = -\omega^2 LC (1 - \tfrac{1}{4}\omega^2 LC) \mathfrak{A},$$

oder, falls man zur Abkürzung LC durch $4/\omega_0^2$ ersetzt,

$$\left(\mathfrak{x} - 1 + 2\frac{\omega^2}{\omega_0^2}\right)^2 \mathfrak{A} = 4\frac{\omega^2}{\omega_0^2}\left(\frac{\omega^2}{\omega_0^2} - 1\right) \mathfrak{A}. \tag{67e}$$

Bei der Auflösung der eben erhaltenen Gleichung nach $\mathfrak{x}$ hat man zwei Fälle zu unterscheiden, je nachdem ω größer oder kleiner als ω_0 ist.

1. Ist die Kreisfrequenz ω größer als die Eigenfrequenz ω_0, so ist der Operator vor $\mathfrak{A}$ auf der rechten Seite der Gleichung reell und positiv. Nach Satz 2 ist speziell, wie man leicht erkennt, falls α positiv angenommen wird,

$$\left(\pm \sqrt{\alpha}\right)^2 \mathfrak{A} = \pm \sqrt{\alpha} \cdot \pm \sqrt{\alpha} \cdot \mathfrak{A} = \alpha \mathfrak{A}.$$

Durch Vergleichung dieser Beziehung mit der Beziehung (67e) schließt man sofort

$$\left(\mathfrak{x} - 1 + 2\frac{\omega^2}{\omega_0^2}\right) = \pm 2\frac{\omega}{\omega_0}\sqrt{\frac{\omega^2}{\omega_0^2} - 1} \quad \text{für} \quad (\omega > \omega_0), \tag{67f}$$

und, was auf dasselbe hinauskommt,

$$\mathfrak{x} = 1 - 2\frac{\omega^2}{\omega_0^2} \pm 2\frac{\omega}{\omega_0}\sqrt{\frac{\omega^2}{\omega_0^2} - 1} \quad \text{für} \quad \omega > \omega_0. \tag{67g}$$

2. Ist die Kreisfrequenz ω kleiner als die Grundfrequenz ω_0, so ist der Operator vor $\mathfrak{A}$ auf der rechten Seite der Gleichung reell und negativ. Nach Satz 2 ist speziell, wie man leicht erkennt, falls α positiv angenommen wird,

$$\left(j \pm \sqrt{\alpha}\right)^2 \mathfrak{A} = j \pm \sqrt{\alpha} \cdot j \pm \sqrt{\alpha}\, \mathfrak{A} = -\alpha \mathfrak{A}.$$

Durch Vergleichung dieser Beziehung mit der Beziehung (67e) schließt man sofort

$$\left(\mathfrak{x} - 1 + 2\frac{\omega^2}{\omega_0^2}\right) = j\left(\pm 2\frac{\omega}{\omega_0}\sqrt{1 - \frac{\omega^2}{\omega_0^2}}\right) \quad \text{für} \quad \omega < \omega_0 \tag{67h}$$

und durch Berücksichtigung von Satz 1

$$\mathfrak{x} = 1 - 2\frac{\omega^2}{\omega_0^2} + j\left(\pm 2\frac{\omega}{\omega_0}\sqrt{1 - \frac{\omega^2}{\omega_0^2}}\right) \quad \text{für} \quad \omega < \omega_0. \tag{67i}$$

Casper, Wechselstromaufgaben.

Nach dem Gleichungspaar (67c) und (67d) sind die Vektoren $\mathfrak{B}$ und $\mathfrak{A}$ nicht mehr voneinander unabhängig. Man übe auf die erste der Gleichungen den Operator $j\left(-\dfrac{1}{\omega C}\right)$ aus. Dann erhält man unmittelbar wegen Satz 2

$$\mathfrak{B} = -j\frac{1}{\omega C}\left(\mathfrak{x} - 1 + \frac{1}{2}\omega^2 L C\right)\mathfrak{A} = \mathfrak{z}\mathfrak{A},$$

wobei zur Abkürzung und zur Bequemlichkeit für die noch folgenden Überlegungen gesetzt wurde

$$\mathfrak{z} = -j\frac{1}{\omega C}\left(\mathfrak{x} - 1 + \frac{1}{2}\omega^2 L C\right).$$

Jetzt ist im Ausdruck für $\mathfrak{z}$ wieder der Wert von x einzusetzen. Man muß auch hier abermals die beiden Fälle, daß $\omega > \omega_0$ oder $\omega < \omega_0$, wohl unterscheiden. Im ersten Fall ergibt die Zuhilfenahme von Gleichung (67f)

$$\mathfrak{z} = \mp j\frac{2}{\omega_0 C}\sqrt{\frac{\omega^2}{\omega_0^2} - 1} \quad \text{für} \quad \omega > \omega_0, \tag{67k}$$

dagegen im zweiten Fall die Zuhilfenahme von Gleichung (67h)

$$\mathfrak{z} = \pm\frac{2}{\omega_0 C}\sqrt{1 - \frac{\omega^2}{\omega_0^2}} \quad \text{für} \quad \omega < \omega_0. \tag{67l}$$

Zusammenfassend ist zu sagen, daß es zwei Lösungspaare gibt, welche das Gleichungspaar (66) und (66a) befriedigen, nämlich

$$\begin{aligned}\mathfrak{I}'_k &= \mathfrak{x}_1^k \mathfrak{A}_1; & \mathfrak{U}'_k &= \mathfrak{x}_1^k \mathfrak{z}_1 \mathfrak{A}_1,\\ \mathfrak{I}''_k &= \mathfrak{x}_2^k \mathfrak{A}_2; & \mathfrak{U}''_k &= \mathfrak{x}_2^k \mathfrak{z}_2 \mathfrak{A}_2,\end{aligned} \tag{68}$$

welche je dem oberen bzw. unteren Vorzeichen von $\mathfrak{x}$ und $\mathfrak{z}$ entsprechen. Es gelingt aber nicht, mit einem dieser Lösungspaare auch die Anfangsbedingung der Kette zu erfüllen, welche besagt, daß die Vektoren $\mathfrak{I}_0$ und $\mathfrak{U}_0$ am Kettenanfang ganz beliebig angenommen werden dürfen. Für $k = 0$ erhält man z. B. aus dem ersten Lösungspaar (68), weil $\mathfrak{x}^0 = 1$, die beiden Ausdrücke

$$\mathfrak{I}_0 = \mathfrak{A}_1 \quad \text{und} \quad \mathfrak{U}_0 = \mathfrak{z}_1 \mathfrak{A}_1.$$

Man darf wohl $\mathfrak{I}_0$ willkürlich wählen, weil man über $\mathfrak{A}_1$ frei verfügen kann. Der Vektor $\mathfrak{U}_0$ ist dann aber vollständig bestimmt durch $\mathfrak{z}_1$ und $\mathfrak{I}_0$ und nicht mehr willkürlich. Man muß daher versuchen, mit der Summe der beiden Lösungen (68) zum Ziele zu kommen. Man behält dann zwei willkürliche Vektoren $\mathfrak{A}_1$

und $\mathfrak{A}_2$, womit man ohne weiteres bewirken kann, die Lösung der Anfangsbedingung der Kette anzupassen. In der Tat ist es nicht schwer, zu zeigen, daß die Summe zweier beliebiger Lösungen des Gleichungspaares (66) und (66a) wieder eine Lösung ist. Für die Gleichung (66) möge das kurz nachgewiesen werden; für die Gleichung (66a) möge der Leser den ganz entsprechenden Beweis selbst nachtragen. Sind $\mathfrak{J}'_k$, $\mathfrak{U}'_k$ sowie $\mathfrak{J}''_k$, $\mathfrak{U}''_k$ die beiden Lösungen und setzt man daher

$$\mathfrak{J}_{k-1} = \mathfrak{J}'_{k-1} + \mathfrak{J}''_{k-1}; \quad \mathfrak{J}_k = \mathfrak{J}'_k + \mathfrak{J}''_k; \quad \mathfrak{U}_{k-1} = \mathfrak{U}'_{k-1} + \mathfrak{U}''_{k-1},$$

geht damit in die Gleichung (66) hinein, so müßte mit Berücksichtigung von Satz 3, wonach jeder Operator auf der rechten Seite der Gleichung gliedweise ausgeübt werden darf, sein

$$\mathfrak{J}'_k + \mathfrak{J}''_k = (1 - \tfrac{1}{2}\omega^2 LC)\,\mathfrak{J}'_{k-1} + (1 - \tfrac{1}{2}\omega^2 LC)\,\mathfrak{J}''_{k-1}$$
$$+ j\omega C\,\mathfrak{U}'_{k-1} + j\omega C\,\mathfrak{U}''_{k-1}.$$

Nun ist aber, weil $\mathfrak{J}'_k$, $\mathfrak{J}''_k$, $\mathfrak{J}'_{k-1}$, $\mathfrak{J}''_{k-1}$, $\mathfrak{U}'_{k-1}$, $\mathfrak{U}''_{k-1}$ Lösungen sind,

$$\mathfrak{J}'_k = (1 - \tfrac{1}{2}\omega^2 LC)\,\mathfrak{J}'_{k-1} + j\omega C\,\mathfrak{U}'_{k-1};$$
$$\mathfrak{J}''_k = (1 - \tfrac{1}{2}\omega^2 LC)\,\mathfrak{J}''_{k-1} + j\omega C\,\mathfrak{U}''_{k-1}.$$

Durch Addition dieser beiden Gleichungen geht aber die obige hervor, womit gezeigt ist, daß die Summe der Lösungen wieder eine Lösung ist.

Indem man alle obigen Ergebnisse verwertet, kann man den Lösungsansatz nun allgemeiner fassen und setzen

$$\mathfrak{J}_k = \mathfrak{x}_1^k \mathfrak{A}_1 + \mathfrak{x}_2^k \mathfrak{A}_2; \quad \mathfrak{U}_k = \mathfrak{x}_1^k \mathfrak{z}_1 \mathfrak{A}_1 - \mathfrak{x}_2^k \mathfrak{z}_1 \mathfrak{A}_2, \qquad (69)$$

wobei nach den Gleichungen (67k) und (67l) $\mathfrak{z}_2$ durch $-\mathfrak{z}_1$ ersetzt werden durfte. In dieser Lösung treten zwei willkürliche Vektoren $\mathfrak{A}_1$ und $\mathfrak{A}_2$ auf, welche gerade hinreichen, um die Lösung den Vektoren $\mathfrak{J}_0$ und $\mathfrak{U}_0$ anpassen zu können. Für $k = 0$ ist der Operator $\mathfrak{x}^k$ identisch mit 1. Diese Überlegung gibt aus dem Ansatz (69)

$$\mathfrak{J}_0 = \mathfrak{A}_1 + \mathfrak{A}_2; \quad \mathfrak{U}_0 = \mathfrak{z}_1 \mathfrak{A}_1 - \mathfrak{z}_1 \mathfrak{A}_2.$$

Aus den beiden Gleichungen lassen sich die Vektoren $\mathfrak{A}_1$ und $\mathfrak{A}_2$ leicht bestimmen. Übt man auf die erste dieser Gleichungen den Operator $\mathfrak{z}_1$ aus, addiert bzw. subtrahiert beide Gleichungen, so findet man

$$\mathfrak{z}_1 \mathfrak{A}_1 = \tfrac{1}{2}(\mathfrak{z}_1 \mathfrak{J}_0 + \mathfrak{U}_0); \quad \mathfrak{z}_1 \mathfrak{A}_2 = \tfrac{1}{2}(\mathfrak{z}_1 \mathfrak{J}_0 - \mathfrak{U}_0). \quad (69\text{a})$$

Damit ist der Ansatz (69) nicht nur dem Gleichungspaar (66) und (66a), sondern auch der Anfangsbedingung der Kette angepaßt. Da das Problem, wie oben gezeigt wurde, nur eine einzige Lösung zuläßt, stellt der erwähnte Ansatz diese Lösung tatsächlich dar. Die Hilfsgrößen $\mathfrak{x}$, $\mathfrak{z}$, $\mathfrak{A}$ sind nun alle ermittelt, worauf die Lösung genauer durchdiskutiert werden kann. Die beiden Möglichkeiten, daß die Netzfrequenz ω kleiner oder größer als die Eigenfrequenz ω_0 ist, müssen wiederum besonders behandelt werden. Außerdem ist noch der Fall zu unterscheiden, daß beide Frequenzen einander gleich sind. Mit der Diskussion dieses Falles soll begonnen werden.

Fall a: $\omega = \omega_0$. Aus Gleichung (67g) oder (67i) entnimmt man, indem man $\omega = \omega_0$ setzt, sehr einfach

$$\mathfrak{x}_1 = \mathfrak{x}_2 = -1.$$

Daher kann man den Ansatz (69) durch den folgenden ersetzen, wobei man für $\mathfrak{A}_1 + \mathfrak{A}_2$ den neuen Vektor $\mathfrak{A}$, für $\mathfrak{z}_1\mathfrak{A}_1 - \mathfrak{z}_1\mathfrak{A}_2$ den neuen Vektor $\mathfrak{B}$ nimmt,

$$\mathfrak{J}_k = (-1)^k \mathfrak{A}; \qquad \mathfrak{U}_k = (-1)^k \mathfrak{B}.$$

Für $k = 0$ darf $(-1)^k$ nach Obigem durch 1 ersetzt werden. Gleichzeitig gehen $\mathfrak{J}_k$ in $\mathfrak{J}_0$ und $\mathfrak{U}_k$ in $\mathfrak{U}_0$ über. Man findet daher

$$\mathfrak{J}_0 = \mathfrak{A}; \qquad \mathfrak{U}_0 = \mathfrak{B}.$$

Die endgültige Lösung ist somit überraschenderweise

$$\mathfrak{J}_k = (-1)^k \mathfrak{J}_0; \qquad \mathfrak{U}_k = (-1)^k \mathfrak{U}_0. \qquad (70)$$

Die Diskussion ist sehr einfach. Nach Satz 2 ist der Operator $(-1)^k$, wovon man sich selbst überzeuge, identisch mit der rein arithmetischen Potenz $(-1)^k$. Mit jedem neuen Kettenglied kehren sowohl der Stromvektor $\mathfrak{J}_k$ als auch der Spannungsvektor $\mathfrak{U}_k$ ihre Richtung um, ohne aber ihren Betrag zu ändern.

Fall b: $\omega < \omega_0$. Aus Gleichung (67i) entnimmt man den Wert für $\mathfrak{x}$, der hier ein komplexer Operator ist. Dabei darf man nicht übersehen, daß die Identität gilt

$$\left(1 - 2\frac{\omega^2}{\omega_0^2}\right)^2 + \left(2\frac{\omega}{\omega_0}\sqrt{1 - \frac{\omega^2}{\omega_0^2}}\right)^2 = 1.$$

Es kann demnach, wie man aus den Elementen der Trigonometrie weiß, gesetzt werden

$$1 - 2\frac{\omega^2}{\omega_0^2} = \begin{cases} \cos\varphi \\ \cos(2\pi - \varphi) \end{cases}; \qquad \pm 2\frac{\omega}{\omega_0}\sqrt{1 - \frac{\omega^2}{\omega_0^2}} = \begin{cases} \sin\varphi \\ \sin(2\pi - \varphi) \end{cases}.$$

Dadurch erhält man für den Operator x die beiden folgenden Ausdrücke

$$\mathfrak{x}_1 = \cos\varphi + j\sin\varphi\,;\quad \mathfrak{x}_2 = \cos(2\pi - \varphi) + j\sin(2\pi - \varphi),$$

und nach der Formel aus dem 16. Kapitel

$$\mathfrak{x}_1^k = \cos(k\varphi) + j\sin(k\varphi)$$
$$\mathfrak{x}_2^k = \cos(2k\pi - k\varphi) + j\sin(2k\pi - k\varphi) = \cos(k\varphi) + j(-\sin(k\varphi)).$$

Verbindet man den Ansatz (69) mit den Gleichungen (69a) und den Ausdrücken für $\mathfrak{x}_1^k$ und $\mathfrak{x}_2^k$, so bekommt man für den Spannungsvektor

$$\mathfrak{U}_k = \{\cos(k\varphi) + j\sin(k\varphi)\}\tfrac{1}{2}(\mathfrak{z}_1\mathfrak{J}_0 + \mathfrak{U}_0)$$
$$+ \{-\cos(k\varphi) + j\sin(k\varphi)\}\tfrac{1}{2}(\mathfrak{z}_1\mathfrak{J}_0 - \mathfrak{U}_0).$$

Gemäß Satz 3 darf man diese Vektorgleichung folgendermaßen ordnen

$$\mathfrak{U}_k = (\cos k\varphi + j\sin k\varphi)\tfrac{1}{2}\mathfrak{z}_1\mathfrak{J}_0 + (-\cos k\varphi + j\sin k\varphi)\tfrac{1}{2}\mathfrak{z}_1\mathfrak{J}_0$$
$$+ (\cos k\varphi + j\sin k\varphi)\tfrac{1}{2}\mathfrak{U}_0 + (\cos k\varphi + j(-\sin k\varphi))\tfrac{1}{2}\mathfrak{U}_0$$

und weiter nach Satz 1, indem man je $\tfrac{1}{2}\mathfrak{z}_1\mathfrak{J}_0$ und $\tfrac{1}{2}\mathfrak{U}_0$ als den Grundvektor auffaßt,

$$\mathfrak{U}_k = \mathfrak{U}_0 \cos k\varphi + j\,\mathfrak{z}_1\mathfrak{J}_0 \sin k\varphi\,.$$

Nun ist wegen der Anfangsschaltung der Kette

$$\mathfrak{U}_0 = r\mathfrak{J}_0,$$

ferner wegen der Gleichung (64l)

$$\mathfrak{z}_1 = \frac{2}{\omega_0 C}\sqrt{1 - \frac{\omega^2}{\omega_0^2}}\,.$$

Daher bekommt man nun endgültig

$$\mathfrak{U}_k = \left(r\cos k\varphi + j\frac{2}{\omega_0 C}\sqrt{1 - \frac{\omega^2}{\omega_0^2}}\sin k\varphi\right)\mathfrak{J}_0\,. \tag{71}$$

Es ist äußerst wichtig, daß in diesem Ausdruck für den Vektor $\mathfrak{U}_k$ die Kettengliednummer k nur in dem Winkel unter den beiden trigonometrischen Funktionen auftritt. Das fordert dazu heraus, vom Vektor $\mathfrak{U}_k$ den Betrag zu berechnen, den man in gewohnter Weise findet zu

$$U_k = J_0\sqrt{r^2\cos^2 k\varphi + \frac{4}{\omega_0^2 C^2}\left(1 - \frac{\omega^2}{\omega_0^2}\right)\sin^2 k\varphi}\,.$$

Da die beiden trigonometrischen Funktionen den Höchstwert 1 haben, denselben aber nicht gleichzeitig erreichen, kann man die obige Gleichung leicht in die folgende Ungleichung

$$U_k < J_0 \cdot \sqrt{r^2 + \frac{4}{\omega_0^2 C^2}\left(1 - \frac{\omega^2}{\omega_0^2}\right)}$$

und sogar weiter in die nachstehende Ungleichung umschreiben, weil $\omega < \omega_0$,

$$U_k < J_0 \cdot \sqrt{r^2 + \frac{4}{\omega_0^2 C^2}}\,.$$

Dann ziehe man r aus der Wurzel heraus und bedenke, daß $U_0 = r J_0$ ist. So kommt man schließlich auf die wichtige Ungleichung

$$U_0 > \frac{U_k}{\sqrt{1 + \frac{4}{\omega_0^2 C^2 r^2}}}, \qquad (71\,\text{a})$$

in der weder die Kettengliednummer k noch die Betriebsfrequenz ω auftreten.

Indem man die Kapazität C und den Schaltwiderstand r genügend groß wählt, ist es immer möglich zu bewirken, daß die Wurzel im Nenner der Ungleichung nicht viel größer als 1 ausfällt. Das heißt aber, daß die Spannung am Anfang der Kette U_0 nicht viel kleiner als die angelegte Klemmenspannung $U_n = U$ bleibt, wie groß auch die Zahl n der Kettenglieder gewählt werde. Die Frequenz ω muß nur kleiner als die Eigenfrequenz ω_0 sein oder darf diese höchstens erreichen. Dieses Ergebnis ist zur Verknüpfung in der Diskussion des nächsten Falles, $\omega > \omega_0$, von der größten Wichtigkeit.

Sind die Werte ω_0, C, r insbesondere so gewählt, daß für eine bestimmte Betriebsfrequenz ω_1 die Beziehung gilt

$$r = \frac{2}{\omega_0 C}\sqrt{1 - \frac{\omega_1^2}{\omega_0^2}}, \qquad (71\,\text{b})$$

so wird für diese Frequenz der Spannungsvektor $\mathfrak{U}_k$ nach Gleichung (71)

$$\mathfrak{U}_k = (\cos k\varphi_1 + j \sin k\varphi_1)\, r\, \mathfrak{J}_0 = (\cos k\varphi_1 + j \sin k\varphi_1)\, \mathfrak{U}_0\,.$$

Man entnimmt diesem Ausdruck, wenn man sich der Ergebnisse des vorigen Kapitels erinnert, daß der Spannungsvektor $\mathfrak{U}_k$ von Kettenglied zu Kettenglied um den Winkel φ_1 weitergedreht wird, wobei aber der Betrag des Vektors erhalten bleibt zu $U_0 = U_n = U$.

Fall c: $\omega > \omega_0$. Aus Gleichung (67g) entnimmt man die Werte für $\mathfrak{x}$, die hier reelle Operatoren sind. Man bekommt

$$\mathfrak{x}_1 = \left(1 - 2\frac{\omega^2}{\omega_0^2}\right) + 2\frac{\omega}{\omega_0}\sqrt{\frac{\omega^2}{\omega_0^2} - 1};$$

$$\mathfrak{x}_2 = \left(1 - 2\frac{\omega^2}{\omega_0^2}\right) - 2\frac{\omega}{\omega_0}\sqrt{\frac{\omega^2}{\omega_0^2} - 1}.$$

Es ist sehr leicht, sich zu überzeugen, daß $\mathfrak{x}_2$ der reziproke Wert von $\mathfrak{x}_1$ ist. In der Tat findet man durch einfaches Ausmultiplizieren

$$\mathfrak{x}_1 \cdot \mathfrak{x}_2 = \left(1 - 2\frac{\omega^2}{\omega_0^2}\right)^2 - \left(2\frac{\omega}{\omega_0}\sqrt{\frac{\omega^2}{\omega_0^2} - 1}\right)^2 = 1.$$

Dem Ausdruck für $\mathfrak{x}_2$ liest man mühelos ab, daß $\mathfrak{x}_2$ für $\omega \gtreqless \omega_0$ negativ ist. Da das Produkt von $\mathfrak{x}_2$ und $\mathfrak{x}_1$ positiv und gleich 1 ist, muß daher $\mathfrak{x}_1$ auch negativ sein.

Der Ansatz (69) läßt sich wegen der reziproken Beziehung zwischen $\mathfrak{x}_1$ und $\mathfrak{x}_2$ auch schreiben

$$\mathfrak{U}_k = \left(\mathfrak{x}_1^k \mathfrak{z}_1 \mathfrak{A}_1 - \frac{1}{\mathfrak{x}_1^k} \mathfrak{z}_1 \mathfrak{A}_2\right).$$

Berücksichtigt man die Ausdrücke für $\mathfrak{z}_1 \mathfrak{A}_1$ und $\mathfrak{z}_1 \mathfrak{A}_2$ aus dem Gleichungspaar (69a), so erhält man weiter

$$\mathfrak{U}_k = \mathfrak{x}_1^k \frac{1}{2}(\mathfrak{z}_1 \mathfrak{J}_0 + \mathfrak{U}_0) - \frac{1}{\mathfrak{x}_1^k} \cdot \frac{1}{2}(\mathfrak{z}_1 \mathfrak{J}_0 - \mathfrak{U}_0),$$

oder auch durch einfaches Ausmultiplizieren wegen Satz 3 und Ordnen nach Satz 1

$$\mathfrak{U}_k = \frac{1}{2}\left(\mathfrak{x}_1^k + \frac{1}{\mathfrak{x}_1^k}\right)\mathfrak{U}_0 + \frac{1}{2}\left(\mathfrak{x}_1^k - \frac{1}{\mathfrak{x}_1^k}\right)\mathfrak{z}_1 \mathfrak{J}_0,$$

schließlich, weil $\mathfrak{U}_0 = r \mathfrak{J}_0$ oder $\mathfrak{J}_0 = \frac{1}{r}\mathfrak{U}_0$, und mit Berücksichtigung von Gleichung (67k) für $\mathfrak{z}_1$

$$\mathfrak{U}_k = \frac{1}{2}\left\{\left(\mathfrak{x}_1^k + \frac{1}{\mathfrak{x}_1^k}\right) + j\left(\frac{1}{\mathfrak{x}_1^k} - \mathfrak{x}_1^k\right)\frac{2}{\omega_0 C r}\sqrt{\frac{\omega^2}{\omega_0^2} - 1}\right\}\mathfrak{U}_0. \quad (72)$$

Es ist von der größten Wichtigkeit, daß die Kettengliednummer jetzt als Potenz über einer reellen Zahl auftritt. Das fordert wieder dazu heraus, vom Vektor $\mathfrak{U}_k$ den Betrag zu bilden, den man in sattsam bekannter Weise findet zu

$$U_k = \frac{1}{2} U_0 \cdot \sqrt{\left(\mathfrak{x}_1^k + \frac{1}{\mathfrak{x}_1^k}\right)^2 + \left(\frac{1}{\mathfrak{x}_1^k} - \mathfrak{x}_1^k\right)^2 \frac{4}{\omega_0^2 C^2 r^2}} \sqrt{\left(\frac{\omega^2}{\omega_0^2} - 1\right)^2}.$$

Dieser Ausdruck läßt sich mühelos in die folgende Ungleichung umschreiben, wenn man den zweiten quadratischen Summanden unter der Wurzel wegläßt und mit $|x|$ den positiven Betrag von $\mathfrak{x}$ bezeichnet,

$$U_k > \frac{1}{2} U_0 \cdot \left(|x_1|^k + \left|\frac{1}{x_1}\right|^k\right)$$

oder auch

$$U_0 < \frac{2 U_k}{|x_1|^k + \frac{1}{|x_1|^k}}. \tag{72a}$$

Die Größe $\mathfrak{x}$ wird nur gleich der negativen Einheit, wie bereits unter Fall a gefunden wurde, wenn die Betriebsfrequenz ω gleich der Eigenfrequenz ω_0 ist. Im vorliegenden Fall ist entweder $|x_1|$ oder $1/|x_1|$ eine Zahl größer als 1. Da jede Zahl, die größer als die positive Einheit ist, wenn sie genügend oft potenziert wird, eine beliebig große positive Zahl gibt, erkennt man aus der Ungleichung (72a), daß die Spannung U_0 am Anfang des Kettenleiters nur einen sehr geringen Bruchteil der am Ende angelegten Netzspannung $U = U_n$ ausmacht, vorausgesetzt daß die Kettengliederzahl genügend groß wird. Bei Frequenzen dagegen unter der Eigenfrequenz vermag, was die Diskussion unter Fall b ergab, eine noch so große Gliederzahl die Spannung U_0 nicht so tief herabzudrücken. Bei diesen Frequenzen bleibt die Anfangsspannung U_0 über einer gewissen Grenze, die nahe an die Spannung $U = U_n$ gebracht werden kann, wie groß auch die Kettengliedzahl sei. Der dieser Untersuchung zugrunde liegende Kettenleiter hat demnach die Eigenschaft, Spannungen mit Frequenzen über der Eigenfrequenz zu unterdrücken und Spannungen mit Frequenzen unter der Eigenfrequenz fast ungeschwächt hindurchzulassen, wenn man nur die Gliedzahl der Kette genügend groß wählt. Dieses Aussieben von höheren Frequenzen wird um so gründlicher, je größer die Gliederzahl der Kette ist.

Um sich einen Begriff von der Aussiebung der höheren Frequenzen zu machen, ist es nicht unzweckmäßig, ein einfaches Zahlenbeispiel vorzunehmen. Gegeben sei eine Frequenz ω, die

25% über der Eigenfrequenz liegt. Es ist daher $\omega = 1{,}25\,\omega_0$. Man erhält dann für x_1 nach Obigem den Wert

$$\mathfrak{x}_1 = (1 - 2 \cdot 1{,}25^2) + 2{,}5 \cdot \sqrt{1{,}25^2 - 1} = -0{,}17;$$

$$\frac{1}{\mathfrak{x}_1} = -5{,}9.$$

Besteht die Kette aus nur drei Gliedern, so ergibt die Ungleichung (72a)

$$U_0 < \frac{2\,U_3}{5{,}9^3} = \frac{U_3}{103}.$$

Von der Netzspannung U_3 gelangt deshalb nur ca. 1% bis zum Ohmschen Widerstand r, um dort eine Wirkung auszuüben.

Es bestehen keine Schwierigkeiten, die oben für die Spannungsvektoren $\mathfrak{U}_k$ durchgeführte Diskussion auch auf die Stromvektoren $\mathfrak{J}_k$ auszudehnen. Der Raumersparnis halber soll dies aber hier nicht vorgenommen werden.

Die Ungleichungen (71a) und (72a) veranschaulichen in der denkbar klarsten Weise die wesentlichste Eigenschaft der im vorliegenden Kapitel behandelten Spulensiebkette.

18. Zahlenbeispiel zur Spulensiebkette.

Bei der Behandlung der Spulensiebkette im vorigen Kapitel waren ideale Selbstinduktionsspulen und Kondensatoren vorausgesetzt. Der praktisch unvermeidbare Ohmsche Widerstand von Selbstinduktionsspulen hat eine dämpfende Wirkung auch auf

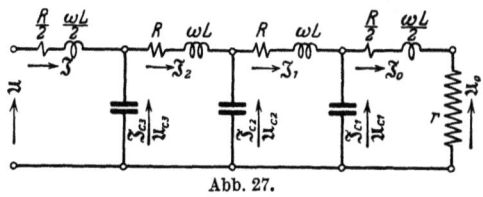

Abb. 27.

Spannungen, deren Frequenz unter der Eigenfrequenz liegt. Immerhin ist diese Wirkung nicht so groß wie die Siebwirkung der Kette an sich für die höheren Frequenzen. Um sich davon zu überzeugen, ist es am besten, ein Zahlenbeispiel durchzurechnen, das der Praxis entnommen ist (Generatorschutzschaltung).

Die Siebkette ist in Abb. 27 dargestellt und besteht aus drei Gliedern. Die Kondensatoren sind wieder als ideal angenommen. Dagegen weisen die Spulen einen beträchtlichen Ohmschen Widerstand auf, um auch die Wirbelstromverluste in denselben zu berücksichtigen. Die Zahlenwerte sind die folgenden

$$R = 100\,\Omega\,;\qquad \omega L = 1000\,\Omega\,;\qquad 1/\omega C = 1000\,\Omega\,.$$

Die Frequenz, welche diesen Zahlen zugrunde liegt, ist leicht zu bestimmen. Für die Eigenfrequenz war im vorigen Kapitel die Definitionsgleichung aufgestellt worden

$$\omega_0^2 L C = 4\,.$$

Für die vorliegende Frequenz hat man wegen der gegebenen Zahlenwerte
$$\omega^2 L C = \omega L \cdot \omega C = 1000 \cdot \frac{1}{1000} = 1\,.$$
Damit folgt sofort
$$\frac{\omega^2}{\omega_0^2} = \frac{\omega^2 L C}{\omega_0^2 L C} = \frac{1}{4},$$

oder die gegebene Frequenz ist gleich der halben Eigenfrequenz.

Darauf ist zu bestimmen, wie groß der Endwiderstand r genommen werden muß, damit für die gegebene Frequenz die Dämpfung möglichst gering ist. Dazu kann man die Formel (71b) benutzen. Bedenkt man, daß wegen des Vorigen

$$\omega_0 C = \frac{2}{1000}$$

sein muß, weil $\omega C = 1/1000$ vorgegeben und $\omega_0 = 2\omega$ ist, so erhält man
$$r = \frac{2 \cdot 1000}{2} \cdot \sqrt{1 - \frac{1}{4}} = \sim 870\,\Omega\,.$$

Um glatte Zahlen für die Rechnung zu erhalten, wähle man trotzdem
$$r = 950\,\Omega\,.$$

Nun nehme man den Vektor $\mathfrak{J}_0$ des Anfangsstromes als gegeben an. Dann ist der Vektor der Anfangsspannung

$$\mathfrak{U}_0 = 950\,\mathfrak{J}_0\,.$$

Die Anwendung des Ohmschen Gesetzes auf die erste Masche gibt

$$\mathfrak{U}_{c1} - 50\,\mathfrak{J}_0 - j\,500\,\mathfrak{J}_0 - 950\,\mathfrak{J}_0 = 0\,,$$

daraus gemäß Satz 1

$$\mathfrak{U}_{c1} = (1000 + j\,500)\,\mathfrak{J}_0\,.$$

Der Kapazitätsstrom im ersten Kondensator beträgt

$$\mathfrak{J}_{c1} = -j\,\frac{1}{1000}\,\mathfrak{U}_{c1} = -j\,\frac{1}{1000}\,(1000 + j\,500)\,\mathfrak{J}_0 = (0{,}5 - j)\,\mathfrak{J}_0\,.$$

Somit bekommt man für den Stromvektor $\mathfrak{J}_1$ nach der Kirchhoffschen Regel

$$\mathfrak{J}_1 = \mathfrak{J}_0 - \mathfrak{J}_{c1} = \mathfrak{J}_0 - (0{,}5 - j)\,\mathfrak{J}_0 = \mathfrak{J}_0 + (-0{,}5 + j)\,\mathfrak{J}_0$$
$$= (0{,}5 + j)\,\mathfrak{J}_0.$$

Die Anwendung des Ohmschen Gesetzes auf die zweite Masche liefert

$$\mathfrak{U}_{c2} = \mathfrak{U}_{c1} + 100\,\mathfrak{J}_1 + j\,1000\,\mathfrak{J}_1 = (1000 + j\,500)\,\mathfrak{J}_0$$
$$+ (100 + j\,1000)\,(0{,}5 + j)\,\mathfrak{J}_0,$$

oder nach leichtem Ordnen mittels Satz 2 und Satz 1

$$\mathfrak{U}_{c2} = (50 + j\,1100)\,\mathfrak{J}_0.$$

Der Kapazitätsstrom im zweiten Kondensator wird dann

$$\mathfrak{J}_{c2} = -j\,\frac{1}{1000}\,\mathfrak{U}_{c2} = -j\,\frac{1}{1000}\,(50 + j\,1100)\,\mathfrak{J}_0 = (1{,}1 - j\,0{,}05)\,\mathfrak{J}_0.$$

Damit bekommt man für den Stromvektor $\mathfrak{J}_2$ nach der Kirchhoffschen Regel

$$\mathfrak{J}_2 = \mathfrak{J}_1 - \mathfrak{J}_{c2} = (0{,}5 + j)\,\mathfrak{J}_0 - (1{,}1 - j\,0{,}05)\,\mathfrak{J}_0$$
$$= (-0{,}6 + j\,1{,}05)\,\mathfrak{J}_0.$$

Die Anwendung des Ohmschen Gesetzes auf die dritte Masche liefert

$$\mathfrak{U}_{c3} = \mathfrak{U}_{c2} + 100\,\mathfrak{J}_2 + j\,1000\,\mathfrak{J}_2$$
$$= (50 + j\,1100)\,\mathfrak{J}_0 + (100 + j\,1000)\,(-0{,}6 + j\,1{,}05)\,\mathfrak{J}_0,$$

oder nach leichtem Ordnen

$$\mathfrak{U}_{c3} = (-1060 + j\,605)\,\mathfrak{J}_0.$$

Der Kapazitätsstrom im dritten Kondensator beträgt danach

$$\mathfrak{J}_{c3} = -j\,\frac{1}{1000}\,\mathfrak{U}_{c3} = -j\,\frac{1}{1000}\,(-1060 + j\,605)\,\mathfrak{J}_0$$
$$= (0{,}605 + j\,1{,}06)\,\mathfrak{J}_0.$$

Hiermit erhält man für den Stromvektor $\mathfrak{J}$ nach der Kirchhoffschen Regel den Wert

$$\mathfrak{J} = \mathfrak{J}_2 - \mathfrak{J}_{c3} = (-0{,}6 + j\,1{,}05)\,\mathfrak{J}_0 - (0{,}605 + j\,1{,}06)\,\mathfrak{J}_0$$
$$= (-1{,}205 - j\,0{,}01)\,\mathfrak{J}_0.$$

Schließlich gibt das Ohmsche Gesetz für die letzte Masche

$$\mathfrak{U} = \mathfrak{U}_{c3} + 50\,\mathfrak{J} + j\,500\,\mathfrak{J}$$
$$= (-1060 + j\,605)\,\mathfrak{J}_0 + (50 + j\,500)\,(-1{,}205 - j\,0{,}01)\,\mathfrak{J}_0,$$

oder wieder nach leichtem Ordnen

$$\mathfrak{U} = (-1115 + j\,2)\,\mathfrak{J}_0.$$

Jetzt sind alle Vektoren durch den Vektor $\mathfrak{J}_0$ ausgedrückt. Für den Absolutwert U der Netzspannung bekommt man in gewohnter Weise

$$U = J_0 \cdot \sqrt{1115^2 + 2^2} = 1115 J_0.$$

Der Prozentteil der Netzspannung, welcher bis zum Anfang der Kette hindurchdringt, ist nach diesem Ergebnis

$$100\,\frac{U_0}{U} = 100\,\frac{950\,J_0}{1115\,J_0} = 85\%.$$

Die Netzspannung gelangt demnach mit 85% ihres Betrages bis zum Betriebswiderstand an den Anfang der Kette.

Zur Beurteilung der Siebwirkung dieser Kette ist es noch erforderlich, die obige Rechnung noch für eine höhere Frequenz durchzuführen. Diese Frequenz sei als das 3fache der obigen Betriebsfrequenz, also das 1,5fache der Eigenfrequenz, gewählt. Die Leitungskonstanten sind in diesem Fall, wegen der dreifachen Frequenz,

$R = 300\,\Omega;\quad \omega L = 3000\,\Omega;\quad 1/\omega C = 1000/3\,\Omega;\quad r = 950\,\Omega.$

Der Spulenwiderstand R ist ebenfalls dreimal so groß genommen worden, um die höheren Wirbelstromverluste zu berücksichtigen. Dagegen ist der Schaltwiderstand r derselbe geblieben.

Der Rechnungsgang ist genau wie oben. Daher sind im folgenden die Formeln ohne Text hingesetzt. Der Leser prüfe:

1. $\mathfrak{U}_0 = 950\,\mathfrak{J}_0;$

2. $\mathfrak{U}_{c1} = \mathfrak{U}_0 + 150\,\mathfrak{J}_0 + j\,1500\,\mathfrak{J}_0$
    $= 950\,\mathfrak{J}_0 + 150\,\mathfrak{J}_0 + j\,1500\,\mathfrak{J}_0 = (1100 + j\,1500)\,\mathfrak{J}_0;$

3. $\mathfrak{J}_{c1} = -j\,\dfrac{3}{1000}\,\mathfrak{U}_{c1} = j\,\dfrac{-3}{1000}\,(1100 + j\,1500)\,\mathfrak{J}_0$
    $= (4{,}5 + j\,(-3{,}3))\,\mathfrak{J}_0;$

4. $\mathfrak{J}_1 = \mathfrak{J}_0 - \mathfrak{J}_{c1} = \mathfrak{J}_0 - (4{,}5 + j\,(-3{,}3))\,\mathfrak{J}_0$
    $= \mathfrak{J}_0 + (-4{,}5 + j\,3{,}3)\,\mathfrak{J}_0 = (-3{,}5 + j\,3{,}3)\,\mathfrak{J}_0;$

5. $\mathfrak{U}_{c2} = \mathfrak{U}_{c1} + (300 + j\,3000)\,\mathfrak{J}_1$
    $= (1100 + j\,1500)\,\mathfrak{J}_0 + (300 + j\,3000)(-3{,}5 + j\,3{,}3)\,\mathfrak{J}_0$
    $= (-9850 + j\,(-8010))\,\mathfrak{J}_0;$

6. $\mathfrak{J}_{c2} = -j\frac{3}{1000}\mathfrak{U}_{c2} = j\frac{-3}{1000}(-9850 + j - 8010)\mathfrak{J}_0$
   $= (-24{,}03 + j\,29{,}55)\mathfrak{J}_0;$

7. $\mathfrak{J}_2 = \mathfrak{J}_1 - \mathfrak{J}_{c2} = (-3{,}5 + j\,3{,}3)\mathfrak{J}_0 - (-24{,}03 + j\,29{,}55)\mathfrak{J}_0$
   $= (20{,}5 + j\,(-26{,}3))\mathfrak{J}_0;$

8. $\mathfrak{U}_{c3} = \mathfrak{U}_{c2} + (300 + j\,3000)\mathfrak{J}_2 = (-9850 + j\,(-8010))\mathfrak{J}_0$
   $+ (300 + j\,3000)(20{,}5 + j\,(-26{,}3))\mathfrak{J}_0$
   $= (75\,200 + j\,45\,600)\mathfrak{J}_0;$

9. $\mathfrak{J}_{c3} = -j\frac{3}{1000}\mathfrak{U}_{c3} = j\frac{-3}{1000}(75\,200 + j\,45\,600)\mathfrak{J}_0$
   $= (136{,}8 + j\,(-225{,}6))\mathfrak{J}_0;$

10. $\mathfrak{J} = \mathfrak{J}_2 - \mathfrak{J}_{c3} = (20{,}5 + j\,(-26{,}3))\mathfrak{J}_0$
    $- (136{,}8 + j\,(-225{,}6))\mathfrak{J}_0$
    $= (-116{,}3 + j\,199{,}3)\mathfrak{J}_0;$

11. $\mathfrak{U} = \mathfrak{U}_{c3} + (150 + j\,1500)\mathfrak{J} = (75\,200 + j\,45\,600)\mathfrak{J}_0$
    $+ (150 + j\,1500)(-116{,}3 + j\,199{,}3)\mathfrak{J}_0$
    $= (-241\,200 - j\,99\,000)\mathfrak{J}_0;$

12. $U = J_0\sqrt{241\,200^2 + 99\,000^2} = 260\,000\,J_0;$

13. $100\,\dfrac{U_0}{U} = 100\,\dfrac{950\,J_0}{260\,000\,J_0} = 0{,}37\,\%.$

Die Klemmenspannung U gelangt daher nur mit rund 0,4% ihres Wertes an den Betriebswiderstand, während bei der der niederen Frequenz der Anteil 85% betrug. Die Siebwirkung ist bei der geringen Gliederzahl der Kette, $n = 3$, schon recht hoch.

Das Hauptergebnis dieser Rechnung ist die Feststellung, daß der Einfluß des Ohmschen Widerstandes der Selbstinduktionsspulen auf die Siebwirkung der Kette verhältnismäßig gering ist. Man wird bei der Vorausberechnung und Dimensionierung solcher Spulensiebketten stets den idealen Fall, wie er im vorigen Kapitel zugrunde gelegt ist, annehmen, die Induktivitäten und Kapazitäten demnach als ideal voraussetzen. Der allgemeine Kettenleiter, dessen Behandlung sich naturgemäß in nicht so übersichtlicher Weise gestaltet, soll im nächsten Kapitel vorgenommen werden.

19. Der allgemeine Kettenleiter.

Im 10. Kapitel wurde der Begriff des komplexen Widerstandes $\mathfrak{z}$ und des komplexen Leitwertes $\mathfrak{y}$ eines beliebigen Leitungsgebildes festgelegt. Dieser Begriff soll hier kurz wieder erläutert werden. In einem beliebigen Leitungsgebilde, das irgendwie aus Ohmschen Widerständen, Induktivitäten und Kapazitäten zusammengesetzt sei, wähle man zwei beliebige Punkte P und Q. Nur vermittels dieser beiden Punkte möge das Leitungsgebilde mit anderen Leitungsgebilden oder mit der Klemmenspannung in Verbindung stehen. Dann wird der durch P in das Leitungsgebilde hineinfließende Strom i in gleicher Amplitude und Phase zum Punkt Q hinausfließen. Die positive Richtung des Stromes sei von P nach Q angenommen. Um im Einklang mit den Festsetzungen des 4. Kapitels zu bleiben, sei u die Spannung zwischen den Punkten P und Q, von P nach Q gerichtet. Sie ist positiv, wenn das Potential in Q höher ist als in P. Zwischen dem Vektor $\mathfrak{U}$ der im Leitungsgebilde erzeugten Spannung und dem Stromvektor $\mathfrak{J}$ wird dann immer eine Beziehung folgender Art bestehen

$$\mathfrak{U} = -\mathfrak{z}\mathfrak{J},$$

wo $\mathfrak{z}$ ein komplexer Operator ist. Dieselbe Beziehung läßt sich mittels eines geeigneten Operators $\mathfrak{y}$, der so gewählt ist, daß allgemein

$$\mathfrak{y}\mathfrak{z}\mathfrak{A} = \mathfrak{A}$$

wird, in die nachstehende identische Beziehung umschreiben

$$\mathfrak{J} = -\mathfrak{y}\mathfrak{U}.$$

Die komplexen Operatoren $\mathfrak{z}$ und $\mathfrak{y}$ heißen der komplexe Widerstand bzw. der komplexe Leitwert des Gebildes. Handelt es sich bei dem Leitungsgebilde speziell um einen Ohmschen Widerstand, so ist $\mathfrak{z} = r$ und $\mathfrak{y} = 1/r$.

Schreibt man

$$\mathfrak{z} = a + jb \quad \text{und} \quad \mathfrak{y} = c + jd,$$

so gibt die Anwendung des Satzes 2 die folgenden Gleichungen

$$\left.\begin{aligned}\mathfrak{z} &= a + jb = \frac{c}{c^2 + d^2} + j\frac{-d}{c^2 + d^2}\,; \\ \mathfrak{y} &= c + jd = \frac{a}{a^2 + b^2} + j\frac{-b}{c^2 + d^2}\,,\end{aligned}\right\} \quad (73)$$

wenn die Definitionsgleichung $\mathfrak{h}\mathfrak{z}\mathfrak{A} = \mathfrak{A}$ bestehen soll, wo $\mathfrak{A}$ ein willkürlicher Vektor ist. In der Tat findet man sofort mittels Satz 2

$$(c + jd)\left(\frac{c}{c^2 + d^2} + j\frac{-d}{c^2 + d^2}\right)\mathfrak{A} = \left(\frac{a}{a^2 + b^2} + j\frac{-b}{a^2 + b^2}\right)(a + jb)\mathfrak{A} = \mathfrak{A}.$$

Für ein Leitungsgebilde allgemeiner Art, wie es eben beschrieben wurde, soll von nun an das Symbol der Abb. 28 benutzt werden, wobei meistens die Punktbezeichnungen P und Q weggelassen werden, dafür aber die Operatorenbezeichnung $\mathfrak{z}$ oder $\mathfrak{h}$ zugesetzt wird.

Mit Hilfe der allgemeinen Leitungsgebilde lassen sich leicht zwei Arten von Kettengliedern bilden. Es sind dies die in Abb. 29 und Abb. 30 dargestellten Glieder, die man als T-Glied bzw. Π-Glied unterscheidet. Die Bezeichnung leitet sich aus dem geometrischen Schema der Kettenglieder her. Eigentlich müßten die komplexen Operatoren in dieser Darstellung $\mathfrak{z}_1$ und $\mathfrak{h}_2$ heißen, um erkennen zu lassen, daß das mit $\mathfrak{h}$ bezeichnete Leitungsgebilde nicht

Abb. 28.

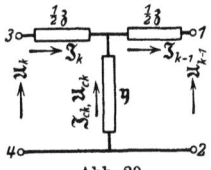

Abb. 29.

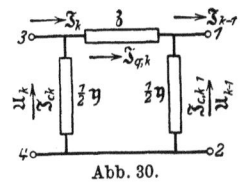

Abb. 30.

elektrisch identisch mit dem als $\mathfrak{z}$ bezeichneten Leitungsgebilde ist. Trotzdem soll diese nicht ganz exakte Bezeichnungsweise beibehalten werden, um nicht unnötige Indizes mitzuschleppen. Irgendwelche Verwechslungen sind auch gar nicht zu befürchten. Die einzelnen Kettenglieder, die alle die gleichen Daten besitzen, werden nun derart aneinander gereiht, daß die Punkte 3 bzw. 4 eines Gliedes mit dem Punkte 1 bzw. 2 des nachfolgenden Gliedes direkt verbunden werden. An den Punkten 1 und 2 des ersten Kettengliedes wird die Belastung angeschlossen, die aus einem beliebigen Leitungsgebilde bestehen kann und mit $\mathfrak{z}_0$ bezeichnet werde. Dagegen liegt die Spannungsquelle an den Punkten 3 und 4 des letzten, des $n$ten Kettengliedes. Die Bezeichnung der Spannungs- und Stromvektoren sind den Abb. 29 und 30 zu entnehmen.

Die Kettenglieder werden von 1 bis n numeriert. An den Punkten 1 und 2 des ersten Gliedes hat man die Vektoren $\mathfrak{U}_0$

und $\mathfrak{J}_0$, an den Punkten *3* und *4* des letzten Gliedes die Vektoren $\mathfrak{U}_n$ und $\mathfrak{J}_n$, die identisch mit den Vektoren $\mathfrak{U}$ und $\mathfrak{J}$ der Spannungsquelle sind. Daher gilt
$$\mathfrak{U}_n = \mathfrak{U}; \quad \mathfrak{J}_n = \mathfrak{J}.$$

a) Differenzengleichungen für die *T*-Kette. Zur Ableitung der Vektorgleichungen geht man genau so vor wie bei dem bereits früher behandelten Spezialfall der Spulensiebkette. Zunächst nehme man ein Kettenglied von der *T*-Form, und zwar das *k*te Glied. Dann liefert das Ohmsche Gesetz in bekannter Weise

$$\mathfrak{U}_{ck} - \tfrac{1}{2}\mathfrak{z}\mathfrak{J}_{k-1} - \mathfrak{U}_{k-1} = 0 \quad \text{oder} \quad \mathfrak{U}_{ck} = \tfrac{1}{2}\mathfrak{z}\mathfrak{J}_{k-1} + \mathfrak{U}_{k-1}. \quad (74)$$

Gemäß der Definition des Leitwertes ist
$$-\mathfrak{J}_{ck} = \mathfrak{y}\,\mathfrak{U}_{ck}.$$

Ersetzt man darin $\mathfrak{U}_{ck}$ durch den obigen Ausdruck (74), wobei man nach Satz 3 den Operator $\mathfrak{y}$ gliedweise ausführen darf, so bekommt man
$$-\mathfrak{J}_{ck} = \tfrac{1}{2}\mathfrak{y}\mathfrak{z}\mathfrak{J}_{k-1} + \mathfrak{y}\,\mathfrak{U}_{k-1}.$$

Die Kirchhoffsche Regel besagt
$$\mathfrak{J}_k = \mathfrak{J}_{k-1} - \mathfrak{J}_{ck} = \mathfrak{J}_{k-1} + \tfrac{1}{2}\mathfrak{y}\mathfrak{z}\mathfrak{J}_{k-1} + \mathfrak{y}\,\mathfrak{U}_{k-1}. \quad (74\text{a})$$

Auf den Operator $\mathfrak{y}\mathfrak{z}$ wende man den Satz 2 an. Darauf addiere man mittels Satz 1. Dadurch erhält man
$$\mathfrak{J}_k = (1 + \tfrac{1}{2}\mathfrak{y}\mathfrak{z})\,\mathfrak{J}_{k-1} + \mathfrak{y}\,\mathfrak{U}_{k-1}. \quad (74\text{b})$$

Jetzt wende man das Ohmsche Gesetz zum zweiten Male an. Es ergibt sich für den Spannungsvektor $\mathfrak{U}_k$ am Ausgang des Kettengliedes
$$\mathfrak{U}_k = \tfrac{1}{2}\mathfrak{z}\mathfrak{J}_k + \mathfrak{U}_{ck}.$$

In dieser Gleichung ist der Ausdruck (74a) für den Vektor $\mathfrak{J}_k$ einzusetzen. Hierbei darf wegen Satz 3 der Operator $\mathfrak{z}$ gliedweise ausgeübt werden. So folgt mit Benutzung von (74)
$$\mathfrak{U}_k = \tfrac{1}{2}\mathfrak{z}\mathfrak{J}_{k-1} + \tfrac{1}{4}\mathfrak{z}\mathfrak{y}\mathfrak{z}\mathfrak{J}_{k-1} + \tfrac{1}{2}\mathfrak{z}\mathfrak{y}\,\mathfrak{U}_{k-1} + \tfrac{1}{2}\mathfrak{z}\mathfrak{J}_{k-1} + \mathfrak{U}_{k-1}.$$

Durch Addieren des ersten und vierten Gliedes auf der rechten Seite mittels Satz 1 bekommt man
$$\mathfrak{U}_k = \mathfrak{z}\mathfrak{J}_{k-1} + \mathfrak{z}\tfrac{1}{4}\mathfrak{y}\mathfrak{z}\mathfrak{J}_{k-1} + \tfrac{1}{2}\mathfrak{z}\mathfrak{y}\,\mathfrak{U}_{k-1} + \mathfrak{U}_{k-1}.$$

Auf das erste und zweite Glied auf der rechten Seite dieser neuen Gleichung ist hierauf der Satz 3 anzuwenden. Dann ergibt sich
$$\mathfrak{U}_k = \mathfrak{z}(\mathfrak{J}_{k-1} + \tfrac{1}{4}\mathfrak{y}\mathfrak{z}\mathfrak{J}_{k-1}) + \mathfrak{U}_{k-1} + \tfrac{1}{2}\mathfrak{z}\mathfrak{y}\,\mathfrak{U}_{k-1}.$$

Der allgemeine Kettenleiter.

Nun vereinfache man den Operator $\mathfrak{y}\mathfrak{z} = \mathfrak{z}\mathfrak{y}$ nach Satz 2 und addiere sinngemäß nach Satz 1. So erhält man endlich, indem man noch die Gleichung (74b) hinzusetzt,

$$\left.\begin{aligned}\mathfrak{J}_k &= (1 + \tfrac{1}{2}\mathfrak{y}\mathfrak{z})\mathfrak{J}_{k-1} + \mathfrak{y}\mathfrak{U}_{k-1};\\ \mathfrak{U}_k &= \mathfrak{z}(1 + \tfrac{1}{4}\mathfrak{y}\mathfrak{z})\mathfrak{J}_{k-1} + (1 + \tfrac{1}{2}\mathfrak{y}\mathfrak{z})\mathfrak{U}_{k-1}.\end{aligned}\right\} \quad (75)$$

b) Differenzengleichungen für die Π-Kette. Die Ableitung der Vektorgleichungen für ein Kettenglied von der Π-Form geschieht analog. Zunächst ist wegen der Definition des komplexen Leitwertes

$$-\mathfrak{J}_{c, k-1} = \tfrac{1}{2}\mathfrak{y}\mathfrak{U}_{k-1}.$$

Daraus folgt mit Hilfe der Kirchhoffschen Regel

$$\mathfrak{J}_{qk} = \mathfrak{J}_{k-1} - \mathfrak{J}_{c, k-1} = \mathfrak{J}_{k-1} + \tfrac{1}{2}\mathfrak{y}\mathfrak{U}_{k-1}. \quad (76)$$

Das Ohmsche Gesetz auf die Gliedmasche angewendet liefert, indem man noch den obigen Ausdruck für den Vektor $\mathfrak{J}_{qk}$ benutzt,

$$\mathfrak{U}_k = \mathfrak{U}_{k-1} + \mathfrak{z}\mathfrak{J}_{qk} = \mathfrak{U}_{k-1} + \mathfrak{z}(\mathfrak{J}_{k-1} + \tfrac{1}{2}\mathfrak{U}_{k-1}).$$

Wegen Satz 3 darf man den Operator $\mathfrak{z}$ auf der rechten Seite der Vektorgleichung gliedweise anwenden. So wird

$$\mathfrak{U}_k = \mathfrak{U}_{k-1} + \tfrac{1}{2}\mathfrak{z}\mathfrak{y}\mathfrak{U}_{k-1} + \mathfrak{z}\mathfrak{J}_{k-1}. \quad (76\mathrm{a})$$

Hierauf vereinfache man den Operator $\mathfrak{z}\mathfrak{y}$ mittels Satz 2 und addiere dann mittels Satz 1. Auf diese Weise bekommt man

$$\mathfrak{U}_k = \mathfrak{z}\mathfrak{J}_{k-1} + (1 + \tfrac{1}{2}\mathfrak{z}\mathfrak{y})\mathfrak{U}_{k-1}. \quad (76\mathrm{b})$$

Ferner ergibt sich nochmals aus der Definition des komplexen Leitwertes

$$-\mathfrak{J}_{ck} = \tfrac{1}{2}\mathfrak{y}\mathfrak{U}_k.$$

Hierauf ist für $\mathfrak{U}_k$ der Ausdruck von Gleichung (76a) einzusetzen und nach Satz 3 gliedweise zu operieren. Dadurch ergibt sich

$$-\mathfrak{J}_{ck} = \tfrac{1}{2}\mathfrak{y}\mathfrak{U}_{k-1} + \tfrac{1}{4}\mathfrak{y}\mathfrak{z}\mathfrak{y}\mathfrak{U}_{k-1} + \tfrac{1}{2}\mathfrak{y}\mathfrak{z}\mathfrak{J}_{k-1}. \quad (76\mathrm{c})$$

Weiterhin muß nach der Kirchhoffschen Regel sein

$$\mathfrak{J}_k = \mathfrak{J}_{qk} - \mathfrak{J}_{ck}$$

und wegen der Gleichungen (76) und (76c)

$$\mathfrak{J}_k = \mathfrak{J}_{k-1} + \tfrac{1}{2}\mathfrak{y}\mathfrak{U}_{k-1} + \tfrac{1}{2}\mathfrak{y}\mathfrak{U}_{k-1} + \tfrac{1}{4}\mathfrak{y}\mathfrak{z}\mathfrak{y}\mathfrak{U}_{k-1} + \tfrac{1}{2}\mathfrak{y}\mathfrak{z}\mathfrak{J}_{k-1}.$$

Zunächst sind das zweite und dritte Glied dieser Gleichung gemäß Satz 1 zu addieren, womit folgt

$$\mathfrak{J}_k = \mathfrak{J}_{k-1} + \tfrac{1}{2}\mathfrak{y}\mathfrak{z}\mathfrak{J}_{k-1} + \mathfrak{y}\mathfrak{U}_{k-1} + \mathfrak{y}\tfrac{1}{4}\mathfrak{z}\mathfrak{y}\mathfrak{U}_{k-1}.$$

Auf das dritte und vierte Glied der neuen Gleichung ist der Satz 3 anzuwenden, der daraus liefert

$$\mathfrak{J}_k = \mathfrak{J}_{k-1} + \tfrac{1}{2}\mathfrak{y}\mathfrak{z}\mathfrak{J}_{k-1} + \mathfrak{y}(\mathfrak{U}_{k-1} + \tfrac{1}{4}\mathfrak{z}\mathfrak{y}\mathfrak{U}_{k-1}).$$

Schließlich ist der Operator $\mathfrak{y}\mathfrak{z} = \mathfrak{z}\mathfrak{y}$ nach Satz 2 zu vereinfachen und sind die Operatoren unter den gleichen Vektoren nach Satz 1 zu addieren. Man erhält dann, indem man die Gleichung (76b) nochmals hinschreibt,

$$\left.\begin{aligned}\mathfrak{J}_k &= (1 + \tfrac{1}{2}\mathfrak{y}\mathfrak{z})\,\mathfrak{J}_{k-1} + \mathfrak{y}(1 + \tfrac{1}{4}\mathfrak{y}\mathfrak{z})\,\mathfrak{U}_{k-1}\,;\\ \mathfrak{U}_k &= \mathfrak{z}\mathfrak{J}_{k-1} + (1 + \tfrac{1}{2}\mathfrak{y}\mathfrak{z})\,\mathfrak{U}_{k-1}.\end{aligned}\right\} \quad (77)$$

c) Lösung der Differenzengleichungen. Zur Aufstellung der Gleichungspaare (75) und (77) wurde, wie ersichtlich, nur das $k$te Kettenglied herangezogen, dieses aber vollkommen. Da die Kette aus n gleichen Gliedern besteht, kann man im ganzen n Gleichungspaare aufstellen, die alle aus dem Gleichungspaar (75) bzw. (77) hervorgehen, wenn man dort für k nacheinander alle Zahlen von 1 bis n einsetzt. Entsprechend den $2n$ Gleichungen kann man $2n$ unbekannte Vektoren, nämlich die Stromvektoren $\mathfrak{J}_1$ bis $\mathfrak{J}_n$ und die Spannungsvektoren $\mathfrak{U}_1$ bis $\mathfrak{U}_n$, durch die beiden übrigbleibenden Vektoren $\mathfrak{U}_0$ und $\mathfrak{J}_0$ darstellen. Die Vektoren $\mathfrak{U}_0$ und $\mathfrak{J}_0$ sind daher vollkommen willkürlich, wenn sie auch wegen der Anfangsschaltung durch die Beziehung

$$\mathfrak{U}_0 = \mathfrak{z}_0 \mathfrak{J}_0$$

verbunden sind, da $\mathfrak{z}_0$ wiederum für sich vollkommen willkürlich ist. Aus dem Gleichungspaar entnimmt man mühelos, daß, wenn die Vektoren $\mathfrak{J}_{k-1}$, $\mathfrak{U}_{k-1}$ bereits bekannt sind, die Vektoren $\mathfrak{J}_k$ und $\mathfrak{U}_k$ sofort und unverzüglich berechnet werden können. Da die Vektoren $\mathfrak{U}_0$ und $\mathfrak{J}_0$ vorgegeben sind, bekommt man aus dem ersten Gleichungspaar ($k = 1$) die Vektoren $\mathfrak{U}_1$ und $\mathfrak{J}_1$, aus dem zweiten ($k = 2$) die Vektoren $\mathfrak{U}_2$ und $\mathfrak{J}_2$, aus dem $n$ten Gleichungspaar ($k = n$) schließlich die Vektoren $\mathfrak{U}_n = \mathfrak{U}$ und $\mathfrak{J}_n = \mathfrak{J}$.

Nach dem eben Dargelegten erkennt man, daß man auch beim allgemeinen Kettenleiter, genau wie früher beim Spezialfall der Spulensiebkette, schrittweise alle Vektoren $\mathfrak{J}_k$ und $\mathfrak{U}_k$ nacheinander berechnen kann und daß zur weiteren Erläuterung eigentlich nichts mehr übrigbleibt. Die weitere Rechnung ist im Grunde äußerst einfach, und das Problem führt zu einer ganz eindeutigen Lösung. Die angegebene Lösungsmethode gestattet hier aber erst recht nicht, den Einfluß der Kettengliedelemente $\mathfrak{z}$ und $\mathfrak{y}$ sowie der Anfangsschaltung $\mathfrak{z}_0$ auf die Größe und Richtung der Vektoren $\mathfrak{U}_k$ und $\mathfrak{J}_k$ übersichtlich hervorzuheben. Zur Erreichung dieses Zieles muß man eine andere Lösungsmethode suchen, die ganz analog der früheren für die Spulensiebkette ist. Man macht daher wieder versuchsweise den Ansatz

$$\mathfrak{J}_k = \mathfrak{x}^k \mathfrak{A} \quad \text{und} \quad \mathfrak{U} = \mathfrak{x}^k \mathfrak{B}, \tag{78}$$

worin $\mathfrak{x}$ ein unbekannter komplexer Operator, $\mathfrak{A}$ und $\mathfrak{B}$ unbekannte Vektoren sein sollen. Der Sinn dieses Ansatzes ist von früher her geläufig.

Nun gehe man mit obigem Ansatz in das Gleichungspaar (75) bzw. (77) hinein. Im folgenden seien alle Operationen für Kettenleiter allein mit Gliedern von der Π-Form ausgeführt, weil die Operationen für die andere Gliederform ganz analog sind. Man erhält aus dem Gleichungspaar (77)

$$\mathfrak{x}^k \mathfrak{A} = \mathfrak{x}^{k-1}(1 + \tfrac{1}{2}\mathfrak{y}\mathfrak{z})\mathfrak{A} + \mathfrak{x}^{k-1}\mathfrak{y}(1 + \tfrac{1}{4}\mathfrak{y}\mathfrak{z})\mathfrak{B},$$
$$\mathfrak{x}^k \mathfrak{B} = \mathfrak{x}^{k-1}\mathfrak{z}\mathfrak{A} + \mathfrak{x}^{k-1}(1 + \tfrac{1}{2}\mathfrak{y}\mathfrak{z})\mathfrak{B},$$

weil die Reihenfolge der Operatoren allgemein ganz gleichgültig ist. Diese beiden Gleichungen gehen aus den folgenden beiden

$$\left.\begin{array}{l}\mathfrak{x}\mathfrak{A} = (1 + \tfrac{1}{2}\mathfrak{y}\mathfrak{z})\mathfrak{A} + \mathfrak{y}(1 + \tfrac{1}{4}\mathfrak{y}\mathfrak{z})\mathfrak{B},\\ \mathfrak{x}\mathfrak{B} = \mathfrak{z}\mathfrak{A} + (1 + \tfrac{1}{2}\mathfrak{y}\mathfrak{z})\mathfrak{B}\end{array}\right\} \tag{78a}$$

hervor, wenn man auf letztere den Operator $\mathfrak{x}$ im ganzen $(k-1)$-mal ausübt, was man auf der rechten Seite der Gleichungen wegen Satz 3 gliedweise ausführen darf. In dem neuen Gleichungspaar kommt die Größe k nicht mehr vor, so daß der Operator $\mathfrak{x}$ für alle Kettenglieder derselbe ist, wie es der Ansatz (78) seinem Sinn nach verlangt. Speziell für das erste Kettenglied muß man setzen

$$\mathfrak{J}_0 = \mathfrak{A}; \qquad \mathfrak{U}_0 = \mathfrak{B};$$
$$\mathfrak{J}_1 = \mathfrak{x}\mathfrak{A}; \qquad \mathfrak{U}_1 = \mathfrak{x}\mathfrak{B}.$$

Man kommt dann direkt auf das Gleichungspaar (78a). Daraus folgt sofort, daß im Ansatz (78) mit allen seinen Folgerungen der Operator $\mathfrak{x}^{1-1} = \mathfrak{x}^0$ identisch mit 1 zu setzen ist, genau wie das schon bei der Behandlung der Spulensiebkette gefunden wurde.

Kettenleiter.

Es gilt nun, den Operator $\mathfrak{x}$ zu berechnen. Zu diesem Ende ordnet man das Gleichungspaar (78a) vermittels Satz 1 nach den Vektoren $\mathfrak{A}$ und $\mathfrak{B}$. Man erhält in einfachster Weise

$$(\mathfrak{x} - 1 - \tfrac{1}{2}\mathfrak{y}\mathfrak{z})\mathfrak{A} = \mathfrak{y}(1 + \tfrac{1}{4}\mathfrak{y}\mathfrak{z})\mathfrak{B}, \\ \mathfrak{z}\mathfrak{A} = (\mathfrak{x} - 1 - \tfrac{1}{2}\mathfrak{y}\mathfrak{z})\mathfrak{B}. \quad (78\,\mathrm{b})$$

Nun übe man auf die erste dieser Gleichungen den Operator $(\mathfrak{x}-1-\tfrac{1}{2}\mathfrak{y}\mathfrak{z})$, auf die zweite den Operator $\mathfrak{y}(1+\tfrac{1}{4}\mathfrak{y}\mathfrak{z})$ aus. Dann ergibt sich durch einfaches Vergleichen, ebenso wie früher bei der Spulensiebkette, und weil die Reihenfolge von Operatoren gleichgültig ist,

$$(\mathfrak{x} - 1 - \tfrac{1}{2}\mathfrak{y}\mathfrak{z})^2 \mathfrak{A} = \mathfrak{y}\mathfrak{z}(1 + \tfrac{1}{4}\mathfrak{y}\mathfrak{z})\mathfrak{A}, \quad (78\,\mathrm{c})$$

als wichtige Bestimmungsgleichung für den Operator $\mathfrak{x}$. Die Gleichung ist hinsichtlich $\mathfrak{x}$ von quadratischem Charakter, daher verhältnismäßig einfach. Wenn $\mathfrak{x}$ daraus ermittelt ist, kann man vermittels einer beliebigen Gleichung des Gleichungspaares (78b) $\mathfrak{B}$ durch $\mathfrak{A}$ oder $\mathfrak{A}$ durch $\mathfrak{B}$ darstellen. Diese Darstellung wird allgemein die Form haben

$$\mathfrak{B} = \mathfrak{w}\mathfrak{A}, \quad (78\,\mathrm{d})$$

welche man erhält, wenn man auf die eine der Gleichungen (78b) einen geeigneten Operator ausübt. Wie man diesen zweckmäßig wählt, ist sattsam bekannt und soll später in den Anwendungsbeispielen besonders ausgeführt werden. Es fragt sich zunächst, wie aus der Bestimmungsgleichung (78c) der Operator $\mathfrak{x}$ ermittelt werden kann.

Auf jeden Fall ist der Operator auf der rechten Seite der Gleichung (78c), nämlich $\mathfrak{y}\mathfrak{z}(1+\tfrac{1}{4}\mathfrak{y}\mathfrak{z})$, gemäß Satz 2 vereinfachbar und darstellbar durch eine komplexe Zahl, wie etwa

$$a + jb,$$

wobei a und b, weil $\mathfrak{y}$ und $\mathfrak{z}$ vorgegeben sind, bekannte Größen sind. Ebenso wird der Operator $\mathfrak{x}-1-\tfrac{1}{2}\mathfrak{y}\mathfrak{z}$, nachdem der Ausdruck $\mathfrak{y}\mathfrak{z}$ schon mittels Satz 2 vereinfacht ist, die Form haben

$$\alpha + j\beta.$$

Hier sind die reellen Zahlen α und β vorläufig unbekannt. Die Bestimmungsgleichung (78c) lautet jetzt mit den neuen Bezeichnungen

$$(\alpha + j\beta)(\alpha + j\beta)\mathfrak{A} = (a + jb)\mathfrak{A}. \quad (78\,\mathrm{e})$$

Der allgemeine Kettenleiter.

Für die meisten praktisch wichtigen Kettenleiter ist die Zahl b gleich Null. Die Bestimmungsgleichung lautet dann einfacher

$$(\alpha + j\beta)(\alpha + j\beta)\mathfrak{A} = a\mathfrak{A}. \tag{78f}$$

Hier sind die reellen Zahlen α und β leicht bestimmbar. Ist a eine positive Zahl, so wird $\beta = 0$ und $\alpha = \pm\sqrt{a}$, denn es ist ohne weiteres einzusehen, daß die folgende Formel richtig ist

$$\pm\sqrt{a} \cdot \pm\sqrt{a} \cdot \mathfrak{A} = a\mathfrak{A}. \tag{79}$$

Ist a negativ, so ist $\alpha = 0$ und $\beta = \pm\sqrt{-a}$, denn diesmal ist nach Satz 2

$$j \pm \sqrt{-a} \cdot j \pm \sqrt{-a} = a\mathfrak{A}. \tag{79a}$$

Diese beiden Lösungen wurden bereits bei der Behandlung der Spulensiebkette gefunden und werden wieder bei der Untersuchung der später vorgelegten Kettenleiter benötigt werden.

Aber auch wenn die Größe b nicht verschwindet, können die Zahlen α und β sehr rasch ermittelt werden. Vereinfacht man die linke Seite der Gleichung (78e) mittels Satz 2, so bekommt man die neue

$$(\alpha^2 - \beta^2 + j2\alpha\beta)\mathfrak{A} = (a + jb)\mathfrak{A}.$$

Aus dieser Vektorgleichung ergeben sich sofort nach Satz 4, wonach zwei Operatoren nur dann gleich sind, wenn die reellen und imaginären Anteile je unter sich gleich sind, die beiden rein arithmetischen Gleichungen

$$\alpha^2 - \beta^2 = a; \quad 2\alpha\beta = b. \tag{80}$$

Substituiert man in der ersten dieser beiden Gleichungen β vermittels der zweiten Gleichung, so folgt durch einfaches Ordnen

$$(\alpha^2)^2 - a\alpha^2 - \frac{b^2}{4} = 0$$

und mittels der bekannten Lösungsformel für quadratische Gleichungen

$$\alpha^2 = \frac{a \pm \sqrt{a^2 + b^2}}{2}.$$

Das negative Vorzeichen der Wurzel kommt nicht in Frage, da α^2 sonst negativ werden müßte, was niemals eintreten kann, weil α eine reelle Zahl ist. Durch weiteres Wurzelausziehen erhält man

$$\alpha = \pm\sqrt{\frac{a + \sqrt{a^2 + b^2}}{2}}, \tag{80a}$$

ferner durch Kombinierung dieses Wertes mit der zweiten Gleichung (80)
$$\beta = \pm \frac{1}{2} \cdot \frac{b}{\sqrt{\dfrac{a+\sqrt{a^2+b^2}}{2}}}. \tag{80b}$$

Aus den Formeln (79), (79a), (80a), (80b) für α und β folgt allgemein, daß für diese Größen je zwei Werte möglich sind, die sich nur durch das entgegengesetzte Vorzeichen unterscheiden. Nachdem man α und β gefunden hat, ist der Operator $\mathfrak{x}$ aus der Gleichung
$$(\mathfrak{x} - 1 - \tfrac{1}{2}\mathfrak{y}\mathfrak{z})\mathfrak{A} = \pm(\alpha + j\beta)\mathfrak{A} \tag{81}$$
zu bestimmen, was wieder sehr einfach ist. Man kann diese Gleichung auch schreiben wegen Satz 1

oder auch
$$\mathfrak{x}\mathfrak{A} - \mathfrak{A} - \tfrac{1}{2}\mathfrak{y}\mathfrak{z}\mathfrak{A} = \pm \alpha \mathfrak{A} \pm j\beta \mathfrak{A}$$
$$\mathfrak{x}\mathfrak{A} = \mathfrak{A} + \tfrac{1}{2}\mathfrak{y}\mathfrak{z}\mathfrak{A} \pm \alpha \mathfrak{A} \pm j\beta \mathfrak{A},$$
schließlich, wieder wegen Satz 1,
$$\mathfrak{x}\mathfrak{A} = (1 + \tfrac{1}{2}\mathfrak{y}\mathfrak{z} \pm \alpha \pm j\beta)\mathfrak{A}.$$
Daraus ergibt sich am Ende
$$\mathfrak{x} = 1 + \tfrac{1}{2}\mathfrak{y}\mathfrak{z} \pm \alpha \pm j\beta. \tag{81a}$$
Man erhält so auch für den Operator $\mathfrak{x}$ zwei Lösungen, die mit $\mathfrak{x}_1$ und $\mathfrak{x}_2$ unterschieden werden sollen.

Aus der ersten Gleichung des Gleichungspaares (78b) läßt sich nun der unbekannte Vektor $\mathfrak{B}$ durch den noch unbekannten Vektor $\mathfrak{A}$ darstellen. Es ist nämlich mit Benutzung von Gleichung (81)
$$\mathfrak{y}(1 + \tfrac{1}{4}\mathfrak{y}\mathfrak{z})\mathfrak{B} = \pm(\alpha + j\beta)\mathfrak{A}.$$
Da der Operator $\mathfrak{w}$ durch die Beziehung (78d) definiert war, welche lautete $\mathfrak{B} = \mathfrak{w}\mathfrak{A}$, so erkennt man, daß die beiden Ausdrücke von $\mathfrak{w}$, die den Werten $\mathfrak{x}_1$ und $\mathfrak{x}_2$ entsprechen, sich nur durch das Vorzeichen unterscheiden. Es ist also $-\mathfrak{w}_2 = \mathfrak{w}_1 = \mathfrak{w}$.

Zieht man alle diese Ergebnisse zusammen, so kann man, genau wie früher bei der Spulensiebkette, den Ansatz (78) verallgemeinern zu
$$\mathfrak{J}_k = \mathfrak{x}_1^k \mathfrak{A}_1 + \mathfrak{x}_2^k \mathfrak{A}_2; \quad \mathfrak{U}_k = \mathfrak{x}_1^k \mathfrak{w}\mathfrak{A}_1 - \mathfrak{x}_2^k \mathfrak{w}\mathfrak{A}_2. \tag{82}$$
Speziell erhält man für den Eingang des ersten Kettengliedes ($\mathfrak{x}^0 = 1$)
$$\mathfrak{J}_0 = \mathfrak{A}_1 + \mathfrak{A}_2; \quad \mathfrak{U}_0 = \mathfrak{w}\mathfrak{A}_1 - \mathfrak{w}\mathfrak{A}_2.$$

Aus den beiden Gleichungen lassen sich endlich die beiden noch unbekannten Vektoren $\mathfrak{A}_1$ und $\mathfrak{A}_2$ bestimmen, da die Vektoren $\mathfrak{U}_0$ und $\mathfrak{J}_0$ beliebig und vorgegeben sind. Genau wie früher bei der Spulensiebkette findet man

$$\mathfrak{w}\mathfrak{A}_1 = \tfrac{1}{2}(\mathfrak{w}\mathfrak{J}_0 + \mathfrak{U}_0); \quad \mathfrak{w}\mathfrak{A}_2 = \tfrac{1}{2}(\mathfrak{w}\mathfrak{J}_0 - \mathfrak{U}_0). \qquad (82\,\mathrm{a})$$

Nach diesen Ergebnissen kann zur Behandlung von weiteren speziellen Kettenleitern geschritten werden.

20. Ersatzschaltung für Isolatorenketten.

Zur Berechnung der Spannungsverteilung an Hängeisolatoren legt man sehr oft die in Abb. 31 dargestellte Ersatzschaltung zugrunde. In dem Schaltungsschema bedeutet C die Kapazität

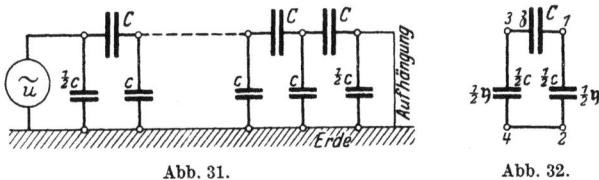

Abb. 31.   Abb. 32.

zwischen zwei aufeinanderfolgenden Isolatorengliedern, c die Kapazität eines Gliedes gegen Erde. Das erste Kettenglied ist mit dem Leitungsmast unmittelbar verbunden. Die Spannung am Eingang der Kette wird damit gleich Null in Formel

$$\mathfrak{U}_0 = 0.$$

Das einzelne Kettenglied der angenommenen Ersatzschaltung, die natürlich nur eine rohe Annäherung an die wirklichen Verhältnisse geben soll, hat ersichtlich die Zusammensetzung, wie sie die nebenstehende Abb. 32 zeigt. Das Kettenglied ist daher von der Π-Form. Die Bedeutung der Operatoren $\mathfrak{y}$ und $\mathfrak{z}$ ist rasch ermittelt. Für einen Kondensator mit der Kapazität c lautet die Beziehung zwischen Stromvektor und Spannungsvektor

$$\mathfrak{J} = -j\omega c\,\mathfrak{U}.$$

Daher ist wegen der Definition des komplexen Leitwertes

$$\mathfrak{y} = j\omega C.$$

Für den Kondensator mit der Kapazität C hat man eine entsprechende Beziehung. Übt man auf diese den Operator $j\frac{1}{\omega C}$ aus, so kommt

$$\mathfrak{U} = j\frac{1}{\omega C}\mathfrak{J}.$$

Es ist demnach wegen der Definition des komplexen Widerstandes

$$\mathfrak{z} = -j\frac{1}{\omega C}.$$

Nun sind für die Anwendung die Operatoren $\mathfrak{y}$ und $\mathfrak{z}$ miteinander zu kombinieren. Man erhält so weiter

$$\mathfrak{y}\mathfrak{z} = \frac{c}{C}.$$

Die Bestimmungsgleichung für den Operator $\mathfrak{x}$ wird sehr einfach. Man setze in Gleichung (78c) den eben erhaltenen Ausdruck für $\mathfrak{y}\mathfrak{z}$ ein. Dann bekommt man die Gleichung

$$\left(\mathfrak{x} - 1 - \frac{1}{2}\frac{c}{C}\right)^2 \mathfrak{A} = \frac{c}{C}\left(1 + \frac{1}{4}\frac{c}{C}\right)\mathfrak{A}.$$

Aus dieser Gleichung findet man gemäß der Beziehung (79)

$$\left(\mathfrak{x} - 1 - \frac{1}{2}\frac{c}{C}\right)\mathfrak{A} = \pm\sqrt{\frac{c}{C}}\sqrt{1 + \frac{1}{4}\frac{c}{C}}\cdot\mathfrak{A}$$

und weiter, wenn man $\frac{c}{C}$ zur Abkürzung durch ϱ ersetzt, aus Formel (81a)

$$\mathfrak{x} = 1 + \tfrac{1}{2}\varrho \pm \sqrt{\varrho + \tfrac{1}{4}\varrho^2}.$$

Da die Spannung $\mathfrak{U}_0$ gleich Null ist, ergibt die Gleichung (82a) die neue Gleichung als Beziehung zwischen den Vektoren $\mathfrak{A}_1$ und $\mathfrak{A}_2$

$$\mathfrak{w}\mathfrak{A}_1 = \mathfrak{w}\mathfrak{A}_2.$$

Mithin folgt aus Ansatz (82) die Spannung eines beliebigen Isolators gegen Erde

$$\mathfrak{U}_k = \left(1 + \tfrac{1}{2}\varrho + \sqrt{\varrho + \tfrac{1}{4}\varrho^2}\right)^k \mathfrak{w}\mathfrak{A}_1 - \left(1 + \tfrac{1}{2}\varrho - \sqrt{\varrho + \tfrac{1}{4}\varrho^2}\right)^k \mathfrak{w}\mathfrak{A}_1$$

oder auch, was wegen Satz 1 sofort einzusehen ist,

$$\mathfrak{U}_k = \left[\left(1 + \tfrac{1}{2}\varrho + \sqrt{\varrho + \tfrac{1}{4}\varrho^2}\right)^k - \left(1 + \tfrac{1}{2}\varrho - \sqrt{\varrho + \tfrac{1}{4}\varrho^2}\right)^k\right]\cdot \mathfrak{w}\mathfrak{A}_1.$$

Speziell wird für den Endisolator an der Netzspannung

$$\mathfrak{U} = \mathfrak{U}_n = \left[\left(1 + \tfrac{1}{2}\varrho + \sqrt{\varrho + \tfrac{1}{4}\varrho^2}\right)^n - \left(1 + \tfrac{1}{2}\varrho - \sqrt{\varrho + \tfrac{1}{4}\varrho^2}\right)^n\right]\mathfrak{w}\mathfrak{A}_1.$$

Die Operatoren vor dem Vektor $\mathfrak{w}\mathfrak{A}_1$ im Ausdruck für den Vektor $\mathfrak{U}_k$ bzw. $\mathfrak{U}_n$ sind reell. Sämtliche Spannungsvektoren $\mathfrak{U}_k$ sind gleichphasig und haben dieselbe Richtung. Es ist daher sehr leicht, das Verhältnis der Spannungsamplituden zu bilden, welches sich ergibt zu

$$\frac{U_k}{U_n} = \frac{(1 + \tfrac{1}{2}\varrho + \sqrt{\varrho + \tfrac{1}{4}\varrho^2})^k - (1 + \tfrac{1}{2}\varrho - \sqrt{\varrho + \tfrac{1}{4}\varrho^2})^k}{(1 + \tfrac{1}{2}\varrho + \sqrt{\varrho + \tfrac{1}{4}\varrho^2})^n - (1 + \tfrac{1}{2}\varrho - \sqrt{\varrho + \tfrac{1}{4}\varrho^2})^n}, \quad (83)$$

wobei die Hilfsgröße ϱ durch den Quotienten der Kapazitäten c und C, also durch

$$\varrho = \frac{c}{C}$$

gegeben ist. Zumeist ist die Erdkapazität c klein gegen die gegenseitige Kapazität C.

In der oft üblichen Darstellungsweise der Kettenleiter mit Hilfe von hyperbolischen Funktionen findet man statt der Lösung (83) die folgende

$$\frac{U_k}{U} = \frac{\mathfrak{Sin}\,\nu k}{\mathfrak{Sin}\,\nu n}.$$

Hier muß die Größe ν vorher durch die transzendente Hilfsgleichung

$$\mathfrak{Sin}\frac{\nu}{2} = \tfrac{1}{2}\sqrt{\varrho}$$

bestimmt werden. Es besteht wohl kein Zweifel, daß der hier aufgefundene rationale Ausdruck für das Spannungsverhältnis einfacher auszuwerten ist als der sonst übliche Ausdruck im transzendenten Gewand, da in Formel (83) nur ganze Potenzen und eine einfache Quadratwurzel zu berechnen sind, welche Operationen sich mit dem Rechenschieber leicht ausführen lassen. Zur Auswertung des transzendenten Ausdruckes benötigt man Tafeln über die hyperbolische Funktion $\mathfrak{Sin}$, welche man nicht immer zur Hand haben wird.

21. Kondensatorsiebkette.

Das Gegenstück zu der früher behandelten Spulensiebkette bildet die Kondensatorsiebkette. Zwei aufeinanderfolgende Glieder dieser Kette zeigt die Abb. 33. Als komplexe Widerstände bzw. Leitwerte erhält man für die vorliegende Kette in bekannter Weise

$$\tfrac{1}{2}\mathfrak{y} = -j\frac{1}{2\omega L} \quad \text{oder} \quad \mathfrak{y} = -j\frac{1}{\omega L}; \quad \mathfrak{z} = -j\frac{1}{\omega C}.$$

Die Spulen $2L$ zweier benachbarter Glieder sind parallel geschaltet. Der Gesamtleitwert der beiden Spulen ist $\frac{1}{2}\mathfrak{y} + \frac{1}{2}\mathfrak{y} = \mathfrak{y}$ $= -j\,\dfrac{1}{\omega L}$. Diese Spulen können daher durch eine einzige Spule mit der Induktivität L ersetzt werden. Ganz ähnlich war es bei der vorhin behandelten reinen Kondensatorkette, wo je zwei parallel liegende Kapazitäten $\frac{1}{2}c$ durch eine einzige von der Größe c ersetzt wurden. Am Anfang der Kette sei ein Ohmscher Widerstand r hinzugeschaltet, während an das Ende der Kette die Netzspannung $\mathfrak{U}$ gelegt ist.

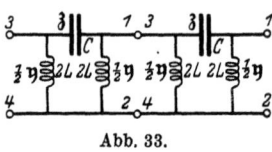

Abb. 33.

Zunächst ist der Operator $\mathfrak{y}\mathfrak{z}$ zu bilden. Der Satz 2 ergibt in bekannter Weise

$$\mathfrak{y}\mathfrak{z} = -\frac{1}{\omega^2 LC}.$$

Die Bestimmungsgleichung (78c) für den Operator $\mathfrak{x}$ lautet dann

$$\left(\mathfrak{x} - 1 + \frac{1}{2}\,\frac{1}{\omega^2 LC}\right)^2 \mathfrak{A} = -\frac{1}{\omega^2 LC}\left(1 - \frac{1}{4\omega^2 LC}\right)\mathfrak{A}$$

oder, wenn man aus gleichen Gründen wie bei der Spulensiebkette LC durch $\dfrac{1}{4\omega_0^2}$ ersetzt und ω_0 als die Eigenfrequenz der Kette bezeichnet,

$$\left(\mathfrak{x} - 1 + 2\,\frac{\omega_0^2}{\omega^2}\right)^2 \mathfrak{A} = 4\,\frac{\omega_0^2}{\omega^2}\left(\frac{\omega_0^2}{\omega^2} - 1\right)\mathfrak{A}. \tag{84}$$

Die Auflösung der Bestimmungsgleichung für $\mathfrak{x}$ gestaltet sich gewohntermaßen. Auch hier hat man die Fälle zu unterscheiden, daß die Betriebsfrequenz ω kleiner oder größer als die Eigenfrequenz ω_0 der Kette ist. Im ersten Fall, $\omega < \omega_0$, wird der Operator vor dem Vektor $\mathfrak{A}$ auf der rechten Seite der Bestimmungsgleichung positiv; im zweiten Fall dagegen, $\omega > \omega_0$, wird derselbe Operator negativ. Man bekommt demnach mit Benutzung der Formeln (79) und (79a)

$$\mathfrak{x} - 1 + 2\,\frac{\omega_0^2}{\omega^2} = \begin{cases} \pm 2\,\dfrac{\omega_0}{\omega}\sqrt{\dfrac{\omega_0^2}{\omega^2} - 1}, & \text{wenn } \omega < \omega_0, \\[1em] j \pm 2\,\dfrac{\omega_0}{\omega}\sqrt{1 - \dfrac{\omega_0^2}{\omega^2}}, & \text{wenn } \omega > \omega_0. \end{cases} \tag{84a}$$

Daraus folgt wieder genau, wie bei der Formel (81a)

$$\mathfrak{x} = \begin{cases} 1 - 2\frac{\omega_0^2}{\omega^2} \pm 2\frac{\omega_0}{\omega}\sqrt{\frac{\omega_0^2}{\omega^2} - 1}, & \text{wenn } \omega < \omega_0, \\ 1 - 2\frac{\omega_0^2}{\omega^2} \pm j2\frac{\omega_0}{\omega}\sqrt{1 - \frac{\omega_0^2}{\omega^2}}, & \text{wenn } \omega > \omega_0. \end{cases} \quad (84\,\text{b})$$

Durch einfache Anwendung des Satzes 2 bestätigt man mühelos, daß der aus zwei zueinandergehörigen Operatoren $\mathfrak{x}_1$ und $\mathfrak{x}_2$ neugebildete Operator $\mathfrak{x}_1\mathfrak{x}_2$ identisch mit 1 ist.

Zur Aufstellung der Beziehung zwischen den unbekannten Vektoren $\mathfrak{A}$ und $\mathfrak{B}$ des allgemeinen Lösungsansatzes ziehe man die erste Gleichung des Gleichungspaares (78b) heran. Dieselbe lautet nach Einsetzung der Werte für $\mathfrak{y}$, $\mathfrak{y}_\mathfrak{z}$ und $\mathfrak{x}$

$$-j\frac{1}{\omega L}\left(1 - \frac{\omega_0^2}{\omega^2}\right)\mathfrak{B} = \begin{cases} \pm 2\frac{\omega_0}{\omega}\sqrt{\frac{\omega_0^2}{\omega^2} - 1} \cdot \mathfrak{A}, & \text{wenn } \omega < \omega_0; \\ j \pm 2\frac{\omega_0}{\omega}\sqrt{1 - \frac{\omega_0^2}{\omega^2}} \cdot \mathfrak{A}, & \text{wenn } \omega > \omega_0, \end{cases}$$

oder auch, nachdem man auf die Gleichung den Operator

$$j\frac{\omega L}{1 - \frac{\omega_0^2}{\omega^2}}$$

ausgeübt hat, wobei man den Satz 2 in üblicher Weise anwendet,

$$\mathfrak{B} = \begin{cases} j\dfrac{\mp 2\omega_0 L}{\sqrt{\dfrac{\omega_0^2}{\omega^2} - 1}} \cdot \mathfrak{A}, & \text{wenn } \omega < \omega_0, \\ \mp\dfrac{2\omega_0 L}{\sqrt{1 - \dfrac{\omega_0^2}{\omega^2}}} \cdot \mathfrak{A}, & \text{wenn } \omega > \omega_0. \end{cases} \quad (84\,\text{c})$$

Daraus folgt wieder für den aus der Beziehung $\mathfrak{B} = \mathfrak{w}\mathfrak{A}$ definierten Operator $\mathfrak{w}$

$$\mathfrak{w} = \begin{cases} \mp j\dfrac{2\omega_0 L}{\sqrt{\dfrac{\omega_0^2}{\omega^2} - 1}}, & \text{wenn } \omega < \omega_0, \\ \mp\dfrac{2\omega_0 L}{\sqrt{1 - \dfrac{\omega_0^2}{\omega^2}}}, & \text{wenn } \omega > \omega_0. \end{cases} \quad (84\,\text{d})$$

Schließlich ist noch wegen der Formeln (82a) und Satz 3 sowie Satz 1

$$\mathfrak{B}_1 = \mathfrak{w}_1 \mathfrak{A}_1 = \mathfrak{w}\mathfrak{A}_1 = \tfrac{1}{2}(\mathfrak{w}+r)\mathfrak{J}_0,$$
$$\mathfrak{B}_2 = \mathfrak{w}_2 \mathfrak{A}_2 = -\mathfrak{w}\mathfrak{A}_2 = -\tfrac{1}{2}(\mathfrak{w}-r)\mathfrak{J}_0,$$

wenn für $\mathfrak{w}$ das obere Vorzeichen in den Formeln (84d) gewählt und an den Anfang der Kette der rein Ohmsche Widerstand r zugeschaltet ist, da man $\mathfrak{U}_0 = r\mathfrak{J}$ hat. Auf diese Weise wird der Spannungsvektor $\mathfrak{U}_k$ am $k$ten Kettenglied gemäß Ansatz (82)

$$\mathfrak{U}_k = \mathfrak{x}_1^k \mathfrak{B}_1 + \mathfrak{x}_2^k \mathfrak{B}_2 = \mathfrak{x}_1^k \tfrac{1}{2}(\mathfrak{w}+r)\mathfrak{J}_0 - \mathfrak{x}_2^k \tfrac{1}{2}(\mathfrak{w}-r)\mathfrak{J}_0. \quad (84\text{f})$$

Die Lösung muß für die beiden Fälle $\omega < \omega_0$ und $\omega > \omega_0$ durchdiskutiert werden. Zunächst ist aber noch der Grenzfall $\omega = \omega_0$ zu betrachten.

1. Fall: $\omega = \omega_0$. Für die Eigenfrequenz ω_0 des Kettenleiters ergibt jede Gleichung des Gleichungspaares (84b) als Operator $\mathfrak{x}$ den Wert

$$\mathfrak{x}_1 = \mathfrak{x}_2 = -1.$$

Damit wird der allgemeine Lösungsansatz für den Stromvektor und Spannungsvektor

$$\mathfrak{J}_k = (-1)^k \mathfrak{A}_1 + (-1)^k \mathfrak{A}_2 = (-1)^k (\mathfrak{A}_1 + \mathfrak{A}_2) = (-1)^k \mathfrak{A};$$
$$\mathfrak{U}_k = (-1)^k \mathfrak{B}_1 + (-1)^k \mathfrak{B}_2 = (-1)^k (\mathfrak{B}_1 + \mathfrak{B}_2) = (-1)^k \mathfrak{B}.$$

Speziell für $k = 0$ ist, wie früher bewiesen wurde, der Operator $(-1)^k$ identisch mit 1. Demnach ist

$$\mathfrak{J}_0 = \mathfrak{A}; \quad \mathfrak{U}_0 = \mathfrak{B}.$$

So bekommt man endlich unter Verwendung dieser beiden Ausdrücke

$$\mathfrak{J}_k = (-1)^k \mathfrak{J}_0; \quad \mathfrak{U}_k = (-1)^k \mathfrak{U}_0. \quad (85)$$

Die Spannungen an allen Kettengliedern sind dem Betrage nach gleich. Nur kehrt sich die Richtung des Spannungsvektors von Glied zu Glied um. Das gleiche gilt auch für den Strom und seinen Zeitvektor. Die Kette weist keine Dämpfung auf.

2. Fall: $\omega < \omega_0$. Hier werden die Operatoren $\mathfrak{x}_1$ und $\mathfrak{x}_2$ gemäß der ersten Gleichung (84b) beide reell. Man erkennt auch weiter, daß der Operator $\mathfrak{x}_2$, welcher dem negativen Vorzeichen der Wurzel entspricht, negativ ist. Da außerdem $\mathfrak{x}_1 \mathfrak{x}_2 = 1$ ist, muß infolge davon auch der Operator $\mathfrak{x}_1$ negativ sein. Ferner: ist $\mathfrak{x}_2$ dem Betrage nach kleiner als 1, so ist $\mathfrak{x}_1$ dem Betrage

nach großer als 1; umgekehrt: ist $\mathfrak{x}_2$ dem Betrage nach größer als 1, so ist $\mathfrak{x}_1$ dem Betrage nach kleiner als 1.

Der Ausdruck (84f) für den Spannungsvektor $\mathfrak{U}_k$ läßt sich nach Satz 3 auch schreiben

$$\mathfrak{U}_k = \tfrac{1}{2}\mathfrak{x}_1^k\,\mathfrak{w}\,\mathfrak{J}_0 + \tfrac{1}{2}\mathfrak{x}_1^k\,r\,\mathfrak{J}_0 - \tfrac{1}{2}\mathfrak{x}_2^k\,\mathfrak{w}\,\mathfrak{J}_0 + \tfrac{1}{2}\mathfrak{x}_2^k\,r\,\mathfrak{J}_0.$$

Addition entsprechender Glieder nach Satz 1 und der Ersatz des Operators $\mathfrak{w}$ durch den Ausdruck (84d) ergibt

$$\mathfrak{U}_k = \left\{\frac{1}{2}\left(\mathfrak{x}_1^k + \mathfrak{x}_2^k\right)r + j\frac{\omega_0 L}{\sqrt{\dfrac{\omega_0^2}{\omega^2}-1}}\left(\mathfrak{x}_2^k - \mathfrak{x}_1^k\right)\right\}\mathfrak{J}_0. \tag{86}$$

Der Betrag des Zeitvektors $\mathfrak{U}_k$ ist leicht zu bilden. Man erhält in bekannter Weise den Wert

$$U_k = \frac{1}{2}r J_0 \cdot \sqrt{(\mathfrak{x}_1^k + \mathfrak{x}_2^k)^2 + 4\,\frac{(\mathfrak{x}_2^k - \mathfrak{x}_1^k)^2 \omega_0^2 L^2}{\dfrac{\omega_0^2}{\omega^2}-1}\cdot\frac{1}{r^2}}$$

$$= \frac{1}{2}U_0 \cdot \sqrt{(\mathfrak{x}_1^k + \mathfrak{x}_2^k)^2 + 4\,\frac{(\mathfrak{x}_2^k - \mathfrak{x}_1^k)^2 \omega_0^2 L^2}{\dfrac{\omega_0^2}{\omega^2}-1}\cdot\frac{1}{r^2}}.$$

Diese Gleichung verwandelt man leicht in die Ungleichung, weil $\dfrac{\omega_0^2}{\omega^2} > 1$, $\qquad U_k > \tfrac{1}{2}U_0 \cdot \sqrt{(\mathfrak{x}_1^k + \mathfrak{x}_2^k)^2}$,

oder, wenn man den Betrag von $\mathfrak{x}$ mit $|\mathfrak{x}|$ bezeichnet und das Ende der Kette nimmt

$$U_0 < \frac{2U}{|\mathfrak{x}_1|^n + |\mathfrak{x}_2|^n}. \tag{87}$$

Da von den beiden Zahlen $|\mathfrak{x}_1|$ und $|\mathfrak{x}_2|$ eine immer größer als 1 ist, also bei genügend großem n entweder $|\mathfrak{x}_1|^n$ oder $|\mathfrak{x}_2|^n$ beliebig groß wird, so zeigt die Ungleichung (87), daß bei einer Kondensatorsiebkette mit vielen Gliedern von der Klemmenspannung U nur ein sehr geringer Teil durch die Kette hindurchgeht und am Anfang als Spannung U_0 erscheint, wenn die Betriebsfrequenz kleiner als die Eigenfrequenz der Kette ist. Diese Spannung U_0 kann beliebig klein gemacht werden, wenn man die Zahl der Kettenglieder groß genug wählt.

3. Fall: $\omega > \omega_0$. Hier ist der Operator $\mathfrak{x}$ komplex und hat nach Gleichung (84b) die beiden Werte

$$\mathfrak{x} = \left(1 - 2\,\frac{\omega_0^2}{\omega^2}\right) + j\left(\pm 2\,\frac{\omega_0}{\omega}\sqrt{1 - \frac{\omega_0^2}{\omega^2}}\right).$$

Man hat nun zu beachten, daß der reelle Teil des Operators und der imaginäre Teil des Operators die Beziehung erfüllen

$$\left(1 - 2\frac{\omega_0^2}{\omega^2}\right)^2 + \left(2\frac{\omega_0}{\omega}\sqrt{1 - \frac{\omega_0^2}{\omega^2}}\right)^2 = 1.$$

Infolgedessen darf man setzen

$$1 - 2\frac{\omega_0^2}{\omega^2} = \cos\varphi; \qquad 2\frac{\omega_0}{\omega}\sqrt{1 - \frac{\omega_0^2}{\omega^2}} = \sin\varphi,$$

und ebenso aus den gleichen Gründen, sowie mit dem gleichen Wert von φ

$$1 - 2\frac{\omega_0^2}{\omega^2} = \cos(2\pi - \varphi); \qquad -2\frac{\omega_0}{\omega}\sqrt{1 - \frac{\omega_0^2}{\omega^2}} = \sin(2\pi - \varphi).$$

Damit kann man für die beiden Werte des Operators $\mathfrak{x}$ schreiben

$$\mathfrak{x}_1 = \cos\varphi + j\sin\varphi; \qquad \mathfrak{x}_2 = \cos(2\pi - \varphi) + j\sin(2\pi - \varphi).$$

Weiter folgt noch, wenn man den Operator $\mathfrak{x}$ im ganzen $k$mal hintereinander ausübt, mit dem Ergebnis des 16. Kapitels:

$$\mathfrak{x}_1^k = \cos k\varphi + j\sin k\varphi;$$
$$\mathfrak{x}_2^k = \cos k(2\pi - \varphi) + j\sin k(2\pi - \varphi)$$
$$= \cos(2k\pi - k\varphi) + j\sin(2k\pi - k\varphi) = \cos k\varphi + j(-\sin k\varphi).$$

Der Ausdruck (84f) für den Spannungsvektor $\mathfrak{U}_k$ läßt sich nach Satz 3 auch schreiben

$$\mathfrak{U}_k = \tfrac{1}{2}\mathfrak{x}_1^k \mathfrak{w}\mathfrak{J}_0 + \tfrac{1}{2}\mathfrak{x}_1^k r\mathfrak{J}_0 - \tfrac{1}{2}\mathfrak{x}_2^k \mathfrak{w}\mathfrak{J}_0 + \tfrac{1}{2}\mathfrak{x}_2^k r\mathfrak{J}_0,$$

oder durch zweckmäßiges Addieren mittels Satz 1 und Satz 3

$$\mathfrak{U}_k = \tfrac{1}{2}(\mathfrak{x}_1^k + \mathfrak{x}_2^k)r\mathfrak{J}_0 + \tfrac{1}{2}(\mathfrak{x}_1^k - \mathfrak{x}_2^k)\mathfrak{w}\mathfrak{J}_0.$$

Hierauf setze man die obigen Werte für $\mathfrak{x}_1^k$ und $\mathfrak{x}_2^k$, sowie den Wert von $\mathfrak{w}$ aus der zweiten Gleichung (84d) ein. Dann bekommt man nach leichter Zwischenrechnung

$$\mathfrak{U}_k = \left(r\cos k\varphi - j\frac{2\omega_0 L}{\sqrt{1 - \frac{\omega_0^2}{\omega^2}}}\sin k\varphi\right)\mathfrak{J}_0. \qquad (88)$$

Der Betrag von $\mathfrak{U}_k$ ist aus diesem vektoriellen Ausdruck mühelos zu ermitteln. Man findet sofort in gewohnter Weise

$$U_k = rJ_0\sqrt{\cos^2 k\varphi + \frac{1}{r^2}\frac{4\omega_0^2 L^2}{1 - \frac{\omega_0^2}{\omega^2}}\sin^2 k\varphi}. \qquad (88\text{a})$$

Die Gleichung kann man, ähnlich wie es früher bei der Behandlung der Spulensiebkette geschehen ist, wenn man bedenkt, daß $\cos \varphi$ und $\sin \varphi$ nicht zugleich den Wert ± 1 haben können, in die folgende Ungleichung verwandeln

$$U_k < U_0 \sqrt{1 + \frac{\omega_0^2 L^2}{r^2} \cdot \frac{4}{1 - \frac{\omega_0^2}{\omega^2}}}. \qquad (88\,\text{b})$$

Nimmt man speziell als Spannung U_k die Klemmenspannung U am Ende der Kette ($k = n$), so lautet die Ungleichung auch

$$U_0 > \frac{U}{\sqrt{1 + \frac{\omega_0^2 L^2}{r^2} \cdot \frac{4}{1 - \frac{\omega_0^2}{\omega^2}}}}. \qquad (89)$$

In dem Ausdruck für den Betrag der Anfangsspannung U_0 kommt die Gliedzahl n der Kette nicht vor. Diese Tatsache ist äußerst wichtig. Denn sie besagt, daß für Betriebsfrequenzen, die über der Eigenfrequenz der Kette liegen, die Anfangsspannung U_0 nicht unterhalb eines bestimmten Grenzwertes liegen kann, wie groß auch die Gliederzahl der Kette gewählt werde. Der Grenzwert wird durch die rechte Seite der Ungleichung (89) dargestellt. Da andererseits für Betriebsfrequenzen unterhalb der Grundfrequenz, wie die Diskussion unter Fall 2 zeigte, die am Anfang der Kette auftretende Spannung U_0 durch Vermehrung der Glieder beliebig klein gemacht werden kann, so erkennt man, daß die Kondensatorsiebkette tatsächlich eine Siebwirkung ausübt, indem sie Frequenzen, die höher als die Eigenfrequenz sind, verhältnismäßig wenig geschwächt hindurchläßt, während sie die Frequenzen, die unterhalb der Eigenfrequenz liegen, fast völlig unterdrückt.

Für Frequenzen, die in der Nähe der Eigenfrequenz ω_0 liegen, wird die Ungleichung (89) sehr ungünstig für die Abschätzung der Spannung U_0. So nimmt für $\omega = \omega_0$ die Ungleichung die Gestalt an $U_0 > 0$, womit nichts anzufangen ist. Wie die Behandlung von Fall 1 gezeigt hat, ist aber U_0 dann sogar gleich U. Das Versagen der Ungleichung in der Nähe der Eigenfrequenz rührt davon her, daß in Gleichung (88a), um auf die Ungleichung zu kommen, $\sin k\varphi$ gleich 1 gesetzt wurde, während $\sin k\varphi$ für $\omega = \omega_0$ gleich Null ist. In der Nähe der Grundfrequenz ist also die Abschätzungsformel nicht mehr genau genug, um Verwendung zu finden. Man braucht aber trotzdem nicht zur genauen Formel (88a) zu greifen, die reichlich unbequem ist, weil man erst den Winkel φ aus einer der beiden Gleichungen

$$\cos\varphi = 1 - 2\frac{\omega_0^2}{\omega^2}; \qquad \sin\varphi = 2\frac{\omega_0}{\omega}\sqrt{1 - \frac{\omega_0^2}{\omega^2}}$$

bestimmen muß. Man weiß nämlich aus der Behandlung von Fall 1, daß für die Eigenfrequenz $U_0 = U$ ist, und darf schätzungsweise annehmen, daß für Frequenzen in der Nähe der Eigenfrequenz, welche aber höher als die Eigenfrequenz sein müssen, die Spannung U_0 annähernd gleich der angelegten Netzspannung U sein wird.

Wählt man den Ohmschen Widerstand r am Anfang der Kette speziell so, daß für die Betriebsfrequenz ω_1 die Beziehung besteht

$$r^2 = \frac{4\omega_0^2 L^2}{1 - \frac{\omega_0^2}{\omega_1^2}} = \frac{\frac{L}{C}}{1 - \frac{\omega_0^2}{\omega^2}},$$

so erhält man aus der Gleichung (88a) den Wert

$$U_k = rJ_0 \cdot \sqrt{\cos^2 k\varphi + \sin^2 k\varphi} = rJ_0 = U.$$

Die Klemmenspannung U gelangt dann ungedämpft bis an den Anfang der Kette.

Zum Schluß möge noch kurz bemerkt werden, daß, im Gegensatz zu den Siebketten, die einfache Parallel- oder Reihenschaltung von Drosselspule und Kondensator bei genügend kleinen Verlusten nur für eine scharf abgegrenzte Frequenz ganz undurchlässig oder ganz durchlässig sind.

IV. Verschiedene Aufgaben.

Zum 6. Kapitel.

Aufgabe 1. Gegeben sei ein einphasiger Stromwandler. Im Sekundärkreis desselben treten die folgenden Spannungen auf:

a) $-r_2\mathfrak{J}_2$, die vom Ohmschen Widerstand der Sekundärwicklung herrührt;

b) $-jk_{2\sigma}\mathfrak{J}_2$, die von der Streuung der Sekundärwicklung im Luftraum herrührt;

c) $-jk_{22}\mathfrak{J}_2$, die von dem durch die Sekundärwicklung im Eisenkern erzeugten magnetischen Fluß herrührt;

d) $-jk_{12}\mathfrak{J}_1$, die von dem durch die Primärwicklung im Eisenkern erzeugten magnetischen Fluß herrührt;

e) $-R\mathfrak{J}_2$, die von dem Ohmschen Widerstand des Belastungselementes (Meßinstrument) herrührt;

f) $-jK\mathfrak{J}_2$, die von dem induktiven Widerstand des Belastungselementes herrührt.

Da die den Spannungen unter c) und d) zugrunde liegenden Flüsse von Wicklungen mit der Windungszahl w_2 bzw. w_1 hervorgerufen werden, so muß die Beziehung gelten

$$\pm \frac{k_{22}}{k_{12}} = \frac{w_2}{w_1}.$$

Man bilde aus der Summe der obigen Spannungsvektoren die Vektorgleichung für die Sekundärwicklung des Stromwandlers und leite daraus die nachstehende Gleichung ab

$$\mathfrak{J}_1 = \left\{-\left(\frac{k_{22}}{k_{12}} + \frac{k_{2\sigma}+K}{k_{12}}\right) + j\frac{r_2+R}{k_{12}}\right\}\mathfrak{J}_2.$$

Aus dieser Gleichung ergibt sich weiter das Amplitudenverhältnis der Ströme, wie folgt zu

$$\frac{J_1}{J_2} = \frac{w_2}{w_1}\sqrt{\left(1 + \frac{k_{2\sigma}+K}{k_{22}}\right)^2 + \left(\frac{r_2+R}{k_{22}}\right)^2}.$$

Der Stromwandler arbeitet um so präziser, je mehr der Wert der Wurzel sich dem Wert 1 nähert. Daraus folgt, daß man die Belastungskonstanten R und K möglichst klein gegen k_{22} nehmen muß.

Aufgabe 2. Gegeben sei ein Serienmotor für einphasigen Wechselstrom, gemäß dem Schaltbild in Abb. 34. Es ist I die Erregerwicklung, II die Ankerwicklung, III die Wendepolwicklung, IV die Kompensationswicklung. Der Strom i ist allen vier Wicklungen gemeinsam, da dieselben in Serie geschaltet sind. Es treten die folgenden Spannungen auf:

a) $-r\mathfrak{J}$, die von dem gesamten Ohmschen Widerstand aller Wicklungen herrührt;

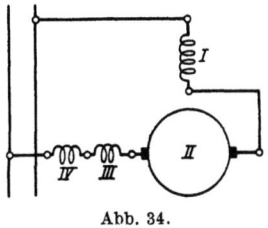

Abb. 34.

b) $-jk\mathfrak{J}$, die von der gesamten Selbstinduktion und gegenseitigen Induktion aller vier Wicklungen herrührt, wobei k proportional der Frequenz ν des Wechselstromes ist;

c) $-c \cdot n \cdot \Im$, die durch die Rotation in der Ankerwicklung erzeugt wird. Diese Spannung ist offenbar proportional der Drehzahl n des Ankers und dem durch die Wicklung I erzeugten Feld, deshalb auch proportional dem Strom i. Das negative Vorzeichen der Spannung muß deshalb genommen werden, damit aus derselben eine aufgenommene und keine abgegebene Leistung hervorgeht, so wie das bei dem Ohmschen Widerstand r der Fall ist. Die Erregerwicklung I muß daher richtig gepolt sein, damit die Maschine als Motor arbeitet.

Man bilde aus der Summe der obigen Spannungsvektoren die Vektorgleichung für den Motor und leite die nachstehenden Gleichungen ab

$$\mathfrak{U} = (r + c \cdot n + jk)\Im ;$$

$$\Im = \left\{ \frac{r + cn}{(r + cn)^2 + k^2} + j \frac{-k}{(r + cn)^2 + k^2} \right\} \mathfrak{U} ;$$

$$\operatorname{tg} \varphi = -\frac{k}{r + cn}.$$

Die letzte Gleichung zeigt, daß der Phasenwinkel φ zwischen Strom und Spannung um so kleiner wird, je kleiner k ist. Da k mit der Frequenz ν wächst, so wählt man für den einphasigen Serienmotor statt der gewöhnlichen Frequenz $\nu = 50$ Hertz oft die geringere Frequenz $\nu = \frac{50}{3}$ Hertz.

Zum 8. Kapitel.

Aufgabe 3. Für eine nicht zu lange Leitung mit verteilter Induktivität und Kapazität kann man der Untersuchung die in Abb. 35 dargestellte Ersatzschaltung zugrunde legen. Es bedeuten: R der gesamte Ohmsche Widerstand der Leitung, L die gesamte Induktivität und C die gesamte Kapazität. Ferner sind $\mathfrak{U}_0$ und $\Im_0$ die Vektoren an der Abnahmestelle, $\mathfrak{U}$ und $\Im$ die Vektoren an der Erzeugerstelle.

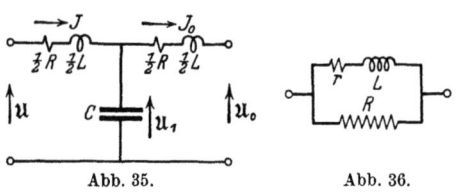

Abb. 35. Abb. 36.

Man bestätige die Richtigkeit der folgenden Vektorgleichungen, wobei die Vektoren $\mathfrak{U}_0$ und $\Im_0$ als beliebig und vorgegeben zu betrachten sind:

$$\mathfrak{U}_1 = \mathfrak{U}_0 + (\tfrac{1}{2}R + j\tfrac{1}{2}\omega L)\mathfrak{J}_0;$$
$$\mathfrak{J} = \mathfrak{J}_0 + j\omega C\mathfrak{U}_1 = \{(1 - \tfrac{1}{2}\omega^2 LC) + j\tfrac{1}{2}\omega CR\}\mathfrak{J}_0 + j\omega C\mathfrak{U}_0;$$
$$\mathfrak{U} = \mathfrak{U}_1 + (\tfrac{1}{2}R + j\tfrac{1}{2}\omega L)\mathfrak{J}$$
$$= \{R(1 - \tfrac{1}{2}\omega^2 LC) + j[\omega L(1 - \tfrac{1}{4}\omega^2 LC) + \tfrac{1}{2}\omega CR^2]\}\mathfrak{J}_0$$
$$+ \{(1 - \tfrac{1}{2}\omega^2 LC) + j\tfrac{1}{4}\omega CR\}\mathfrak{U}_0.$$

Bei Freileitungen bis zu 100 km Länge und bei den üblichen Periodenzahlen ($\nu = 40 \div 60$ Hertz) ist die Größe $\omega^2 LC$ ungefähr kleiner oder gleich 0,01, weshalb sie gegen die Einheit vernachlässigt werden kann. Die obigen Vektorgleichungen vereinfachen sich dann zu

$$\mathfrak{J} = (1 + j\tfrac{1}{2}\omega CR)\mathfrak{J}_0 + j\omega C\mathfrak{U}_0;$$
$$\mathfrak{U} = \{R + j(\omega L + \tfrac{1}{4}\omega CR^2)\}\mathfrak{J}_0 + (1 + j\tfrac{1}{2}\omega CR)\mathfrak{U}_0.$$

Eilt der Stromvektor $\mathfrak{J}_0$ dem Spannungsvektor $\mathfrak{U}_0$ um den Winkel φ_0 nach, so ist offensichtlich

$$\mathfrak{J}_0 = \left(\frac{J_0}{U_0}\cos\varphi_0 + j\frac{-J_0}{U_0}\sin\varphi_0\right)\mathfrak{U}_0.$$

Man bestätigt leicht die Richtigkeit dieser Gleichung, wenn man von dem durch die rechte Seite dargestellten Vektor in gewohnter Weise den Betrag bildet und den Phasenwinkel zwischen demselben und den Vektor $\mathfrak{U}_0$ berechnet. Hierauf setze man den Ausdruck von $\mathfrak{J}_0$ in die obigen vereinfachten Gleichungen ein und prüfe die nachstehenden Gleichungen auf ihre Richtigkeit:

$$\mathfrak{J} = \left\{\left(\frac{J_0}{U_0}\cos\varphi_0 + \frac{1}{2}\omega C R\frac{J_0}{U_0}\sin\varphi_0\right)\right.$$
$$\left. + j\left(\frac{1}{2}\omega C R\frac{J_0}{U_0}\cos\varphi_0 - \frac{J_0}{U_0}\sin\varphi_0 + \omega C\right)\right\}\mathfrak{U}_0;$$

$$J^2 = J_0^2\left[\left(\cos\varphi_0 + \frac{1}{2}\omega C R\sin\varphi_0\right)^2\right.$$
$$\left. + \left(\frac{1}{2}\omega C R\cos\varphi_0 - \sin\varphi_0 + \omega C\frac{U_0}{J_0}\right)^2\right]$$
$$= J_0^2\left[1 + \frac{1}{4}\omega^2 C^2 R^2 + \omega^2 C^2\frac{U_0^2}{J_0^2}\right.$$
$$\left. + 2\omega C\frac{U_0}{J_0}\left(\frac{1}{2}\omega C R\cos\varphi_0 - \sin\varphi_0\right)\right].$$

$$\mathfrak{U} = \left\{ \left(1 + R\frac{J_0}{U_0}\cos\varphi_0 + \omega L\frac{J_0}{U_0}\sin\varphi_0 + \frac{1}{4}\omega C R^2 \frac{J_0}{U_0}\sin\varphi_0\right) \right.$$
$$+ j\left(\frac{1}{2}\omega C R - R\frac{J_0}{U_0}\sin\varphi_0 + \omega L\frac{J_0}{U_0}\cos\varphi_0\right.$$
$$\left.\left. + \frac{1}{4}\omega C R^2 \frac{J_0}{U_0}\cos\varphi_0\right)\right\} \mathfrak{U}_0;$$

Leistungsverlust $= \frac{1}{2} R \left(\frac{1}{2}J^2 + \frac{1}{2}J_0^2\right) = \frac{1}{4} R J_0^2 \left(1 + \frac{J^2}{J_0^2}\right).$

Zum 10. Kapitel.

Wiederholung. Zunächst werde an den Leitwert und Widerstand eines Ohmschen Widerstandes, einer Kapazität, sowie einer Induktivität erinnert:

	Ohmscher Widerstand	Induktivität	Kapazität
komplexer Widerstand $\mathfrak{z} =$	R	$j\omega L$	$j\dfrac{-1}{\omega C}$
komplexer Leitwert $\mathfrak{y} =$	$\dfrac{1}{R}$	$j\dfrac{-1}{\omega L}$	$j\omega C$

Der komplexe Widerstand $\mathfrak{z}$ und der komplexe Leitwert $\mathfrak{y}$ eines Leitungsgebildes hängen derart zusammen, daß der Operator $\mathfrak{y}\mathfrak{z} = \mathfrak{z}\mathfrak{y}$ identisch mit 1 ist. Daraus bestätigt man mittels Satz 2 das Folgende:

ist $\mathfrak{z} = a + jb$, so wird $\mathfrak{y} = \dfrac{a}{a^2 + b^2} + j\dfrac{-b}{a^2 + b^2}$;

ist $\mathfrak{y} = c + jd$, so wird $\mathfrak{z} = \dfrac{c}{c^2 + d^2} + j\dfrac{-d}{c^2 + d^2}$.

Ferner ist zu beachten, daß bei Serienschaltung der resultierende Widerstandsoperator gleich der Summe der Einzelwiderstände wird, dagegen bei Parallelschaltung der resultierende Leitwertoperator gleich der Summe der Einzelleitwerte wird.

Aufgabe 4. Es ist der resultierende Leitwert für die in Abb. 36 dargestellte Parallelschaltung zu berechnen.

Die Widerstände der beiden Zweige sind je

$$\mathfrak{z}_1 = r + j\omega L; \qquad \mathfrak{z}_2 = R.$$

Daraus folgen die entsprechenden Leitwerte

$$\mathfrak{y}_1 = \frac{r}{r^2 + \omega^2 L^2} + j\frac{-\omega L}{r^2 + \omega^2 L^2}; \qquad \mathfrak{y}_2 = \frac{1}{R}.$$

Schließlich ergibt die Addition der beiden Leitwerte nach dem Satz 1

$$\mathfrak{y} = \frac{r}{r^2 + \omega^2 L^2} + \frac{1}{R} + j\frac{-\omega L}{r^2 + \omega^2 L^2}.$$

Aufgabe 5. Man zeige, daß die in Abb. 37 dargestellte Schaltung den Leitwert

$$\mathfrak{y} = \frac{\omega^2 C^2 r}{\omega^2 C^2 r^2 + 1} + \frac{1}{R} + j\frac{\omega C}{\omega^2 C^2 r^2 + 1}$$

besitzt.

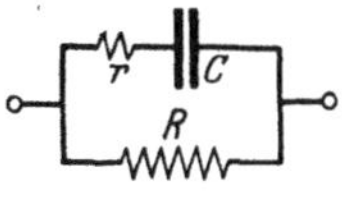

Abb. 37. 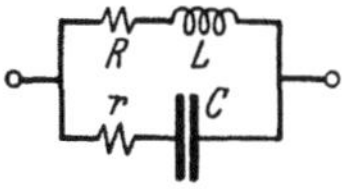   Abb. 38.

Aufgabe 6. Man zeige, daß die in Abb. 38 dargestellte Schaltung den Leitwert

$$\mathfrak{y} = \left(\frac{\omega^2 C^2 r^2}{\omega^2 C^2 r^2 + 1} + \frac{R}{R^2 + \omega^2 L^2}\right) + j\left(\frac{\omega C}{\omega^2 C^2 r^2 + 1} - \frac{\omega L}{R^2 + \omega^2 L^2}\right)$$

besitzt.
Soll die Schaltung wie ein reiner Ohmscher Widerstand wirken, so muß der imaginäre Anteil des Leitwertoperators gleich Null sein. Diese Überlegung gibt die Bedingungsgleichung dafür

$$\omega^2 L C \left(r^2 - \frac{L}{C}\right) = R^2 - \frac{L}{C}.$$

Diese Bedingung wird erfüllt, einerlei welches die Frequenz ω sei, wenn

$$r = R = \sqrt{\frac{L}{C}}.$$

In diesem Fall ergibt sich der einfache Wert für $\mathfrak{y}$ bzw. $\mathfrak{z}$

$$\mathfrak{y} = \frac{1}{R} \quad \text{und} \quad \mathfrak{z} = R.$$

Das heißt: die Schaltung arbeitet bei jeder Frequenz wie der Ohmsche Widerstand R.

Aufgabe 7. Man zeige, daß die in Abb. 39 dargestellte Schaltung den Widerstand $\mathfrak{z} = 1 + j\,2$ besitzt.

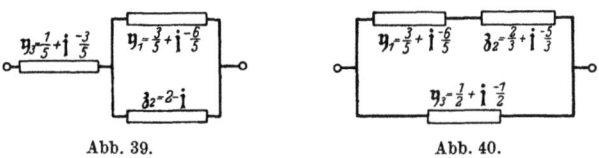

Abb. 39.   Abb. 40.

Aufgabe 8. Man zeige, daß die in Abb. 40 dargestellte Schaltung wie ein Ohmscher Widerstand von der Größe 1 wirkt.

Zum 12. Kapitel.

Aufgabe 9. Für die in Abb. 41 dargestellte Brücke ist die Brückenbedingung aufzusuchen.

In den Zweigen 1 und 3 sind r_1 und r_3 als die Verlustwiderstände der Kondensatoren, dagegen R_1 und R_3 als die Oberflächenwiderstände der Kondensatoren aufzufassen. Die Leitwerte $\mathfrak{y}_1$ und $\mathfrak{y}_3$ sind aus Aufgabe 6 bekannt. Wegen der allgemeinen Brückenbedingung

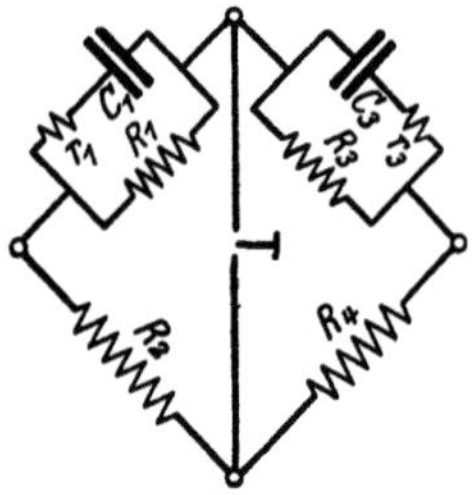

$$\mathfrak{z}_3 \mathfrak{z}_2 \mathfrak{J} = \mathfrak{z}_4 \mathfrak{z}_1 \mathfrak{J}$$

müßte man aus den Leitwerten erst die zugehörigen Widerstände $\mathfrak{z}_1$ und $\mathfrak{z}_3$ bestimmen. Man vermeidet jedoch unnötige Rechnungen, wenn man auf die Brückenbedingung nacheinander die Operatoren $\mathfrak{y}_1$ und $\mathfrak{y}_3$ in beliebiger Reihenfolge ausübt. Dadurch kommt man auf die neue Brückengleichung

$$\mathfrak{y}_1 \mathfrak{z}_2 \mathfrak{J} = \mathfrak{y}_3 \mathfrak{z}_4 \mathfrak{J},$$

so daß man die Leitwerte $\mathfrak{y}_1$ und $\mathfrak{y}_3$ unmittelbar verwerten kann.

Abb. 41.

Man zeige nun, daß das Telefon in der Brücke nur dann stromlos bleibt, sobald die beiden folgenden Gleichungen erfüllt sind

$$\frac{\omega^2 C_1^2 r_1 R_2}{\omega^2 C_1^2 r_1^2 + 1} + \frac{R_2}{R_1} = \frac{\omega^2 C_3^2 r_3 R_4}{\omega^2 C_3^2 r_3^2 + 1} + \frac{R_4}{R_3};$$

$$\frac{\omega C_1 R_2}{\omega^2 C_1^2 r_1^2 + 1} = \frac{\omega C_3 R_4}{\omega^2 C_3^2 r_3^2 + 1}.$$

Für den Fall, daß R_1 groß gegen R_2 und R_3 groß gegen R_4 ist, was meistens der Fall sein wird, vereinfachen sich die Gleichungen zu

$$\frac{C_1}{C_3} = \frac{r_3}{r_1} = \frac{R_4}{R_2}.$$

Zum 13. Kapitel.

Aufgabe 10. Für den in Aufgabe 2 behandelten einphasigen Serienmotor ist der geometrische Ort des Stromvektors $\mathfrak{J}$ bei festgehaltener Klemmenspannung $\mathfrak{U}$ aber variabler Drehzahl (n = unabhängige Veränderliche) festzustellen.

In der Vektorgleichung

$$\mathfrak{U} = (r + cn + jk)\mathfrak{J}$$

führt man, wie früher gezeigt wurde, für $\mathfrak{J}$ den Ausdruck

$$\mathfrak{J} = \left(\frac{x}{U} + j\frac{y}{U}\right)\mathfrak{U}$$

ein, wo $\frac{x}{U} U = x$ und $\frac{y}{U} U = y$ die rechtwinkligen Koordinaten von $\mathfrak{F}$ bezogen auf die $\mathfrak{U}$-Achse sind. Man kommt dann auf die beiden Gleichungen

$$1 = \frac{r + c \cdot n}{U} x - \frac{k}{U} y,$$

$$0 = \frac{r + c \cdot n}{U} y + \frac{k}{U} x,$$

aus welchen sich n leicht entfernen läßt, was auf die gesuchte Gleichung führt

$$x^2 + \left(y + \frac{U}{2k}\right)^2 = \left(\frac{U}{2k}\right)^2.$$

Es ist nicht schwer, aus dieser Gleichung, welche einen Kreis darstellt, die Mittelpunktskoordinaten und den Radius abzulesen. Man bestätige

$$x_m = 0; \qquad y_m = -\frac{U}{2k}; \qquad R = \frac{U}{2k}.$$

Aufgabe 11. Bei der in Aufgabe 3 behandelten Leitung soll die Belastung derart variiert werden, daß zwar die Spannung U_0 und der Verbraucherstrom J_0 konstant bleibt, der Phasenwinkel φ_0 dagegen als unabhängige Veränderliche alle möglichen Werte von 0 bis 360° durchläuft. Welches ist der geometrische Ort des Spannungsvektors $\mathfrak{U}$ an der Erzeugerstelle der Leitung?

Man führe, ähnlich wie in der vorhergehenden Aufgabe, in die bereits gefundene Vektorgleichung für $\mathfrak{U}$, nämlich

$$\mathfrak{U} = \left\{\left(1 + R \frac{J_0}{U_0} \cos\varphi_0 + \omega L \frac{J_0}{U_0} \sin\varphi_0 + \frac{1}{4} \omega C R^2 \frac{J_0}{U_0} \sin\varphi_0\right)\right.$$
$$\left. + j\left(\frac{1}{2} \omega C R - R \frac{J_0}{U_0} \sin\varphi_0 + \omega L \frac{J_0}{U_0} \cos\varphi_0 + \frac{1}{4} \omega C R^2 \frac{J_0}{U_0} \cos\varphi_0\right)\right\} \mathfrak{U}_0,$$

für $\mathfrak{U}$ den Ausdruck

$$\left(\frac{x}{U_0} + j \frac{y}{U_0}\right) \mathfrak{U}_0$$

ein. Man kommt dann auf die beiden Gleichungen

$$x - U_0 = R J_0 \cos\varphi_0 + (\omega L + \tfrac{1}{4} \omega C R^2) J_0 \sin\varphi_0,$$
$$y - \tfrac{1}{2} \omega C R U_0 = -R J_0 \sin\varphi_0 + (\omega L + \tfrac{1}{4} \omega C R^2) J_0 \cos\varphi_0,$$

aus welchen sich die Unabhängige φ_0 leicht entfernen läßt. Quadriert man beide Gleichungen und addiert sie darauf, so folgt unmittelbar

$$(x - U_0)^2 + (y - \tfrac{1}{2} \omega C R U_0)^2 = [R^2 + (\omega L + \tfrac{1}{4} \omega C R^2)^2] J_0^2.$$

Aus dieser Gleichung, welche ebenfalls einen Kreis darstellt, lassen sich mühelos die Mittelpunktskoordinaten und der Radius ablesen.

Aufgabe 12. Gegeben sei der in Abb. 42 dargestellte Repulsionsmotor mit Ankererregung. Es stellt I den Stromkreis eines gewöhnlichen Serienmotors ohne Kompensationswicklung und ohne Wendepolwicklung dar. Durch ein zweites kurzgeschlossenes Bürstenpaar wird der Stromkreis II gebildet. Die Ankerströme II und die Ständerwicklung I erzeugen ein gleichachsiges Feld.

Es treten die folgenden Spannungen auf:

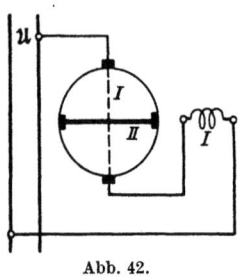

Abb. 42.

α) im Stromkreis I:

a) $-jk_1\mathfrak{J}_1$, die von der Selbstinduktion des Stromkreises I herrührt;

b) $-c_1 \cdot n \cdot \mathfrak{J}_1$, die von der Rotation und dem Feld der Ständerwicklung I herrührt;

c) $-c_{21} \cdot n \cdot \mathfrak{J}_2$, die von der Rotation und dem Feld der Ankerströme II herrührt;

d) $-jk_{21}\mathfrak{J}_2$, die von der gegenseitigen Induktion der Wicklung II auf die Wicklung I herrührt;

β) im Stromkreis II:

e) $-jk_2\mathfrak{J}_2$, die von der Selbstinduktion des Stromkreises II herrührt;

f) $-jk_{12}\mathfrak{J}_1$, die von der gegenseitigen Induktion der Wicklung I auf die Wicklung II herrührt;

g) $-c_{12} \cdot n \cdot \mathfrak{J}_1$, die von der Rotation und dem Feld der Ankerwicklung I herrührt (Repulsionswirkung).

Die Ohmschen Widerstände der Wicklungen sollen, um die Rechnung zu vereinfachen, vernachlässigt werden.

Man begründe die beiden Vektorgleichungen

$$\mathfrak{U} = (c_1 \cdot n + jk_1)\mathfrak{J}_1 + (c_{21} \cdot n + jk_{21})\mathfrak{J}_2,$$
$$0 = (c_{12} \cdot n + jk_{12})\mathfrak{J}_1 + jk_2\mathfrak{J}_2$$

und die aus ihnen resultierende Gleichung

$$jk_2\mathfrak{U} = \{(-k_1k_2 + k_{12} \cdot k_{21} - c_{12} \cdot c_{21} \cdot n^2) + j(k_2c_1 - k_{12} \cdot c_{21} - k_{21} \cdot c_{12})n\}\mathfrak{J}_1.$$

Zum 13. Kapitel.

1. Die Klemmenspannung $\mathfrak{U}$ möge festgehalten werden. Dagegen soll die Drehzahl n alle möglichen Werte annehmen. Es ist die Ortskurve des Stromvektors $\mathfrak{J}_1$ zu bestimmen.

In der gewohnten Weise erhält man zur Ermittlung der Koordinaten x, y die beiden folgenden Gleichungen

$$0 = (-k_1 k_2 + k_{12} \cdot k_{21} - c_{12} \cdot c_{21} \cdot n^2) x - (k_2 c_1 - k_{12} \cdot c_{21} - k_{21} \cdot c_{12}) n \cdot y;$$
$$k_2 U = (-k_1 k_2 + k_{12} \cdot k_{21} - c_{12} \cdot c_{21} \cdot n^2) y + (k_2 c_1 - k_{12} \cdot c_{21} - k_{21} \cdot c_{12}) n \cdot x.$$

Für die graphische Konstruktion der Ortskurve ist es vorteilhaft, für n eine Reihe von zweckmäßig gewählten Werten anzunehmen und aus den Gleichungen jeweils x und y zu errechnen, was sehr einfach ist, da x und y nur linear auftreten. Man erhält auf diese Weise nicht nur die Ortskurve, sondern auch gleichzeitig auf derselben eine Drehzahlskala.

Um den Charakter der Ortskurve analytisch auszudrücken, muß aus den beiden obigen Gleichungen die Drehzahl n entfernt werden. Das gelingt äußerst mühelos, wenn man die Elimination geschickt vornimmt. Multipliziert man die erste Gleichung mit y, die zweite mit x und subtrahiert beide, so geht daraus eine Gleichung hervor, die n nur im ersten Grad enthält. Durch eine weitere einfache Rechnung kommt man auf die folgende Gleichung der Ortskurve

$$(k_1 k_2 - k_{12} \cdot k_{21}) \cdot (x^2 + y^2)^2 + k_2 U \cdot y \cdot (x^2 + y^2)$$
$$+ \frac{c_{12} \cdot c_{21} \cdot k_2^2 \cdot U^2}{(k_2 c_1 - k_{12} \cdot c_{21} - k_{21} \cdot c_{12})^2} \cdot x^2 = 0.$$

Sie ist vom vierten Grade.

2. Man nehme den Strom $\mathfrak{J}_1$ als fest an. Dann ist die Ortskurve für die Klemmenspannung $\mathfrak{U}$ analytisch gegeben durch die Gleichung

$$x^2 = 2 \frac{J_1 (k_2 c_1 - k_{12} \cdot c_{21} - k_{21} \cdot c_{12})^2}{2 c_{12} \cdot c_{21} \cdot k_2} \left(y - \frac{k_1 k_2 - k_{12} \cdot k_{21}}{k_2} J_1 \right),$$

welche, wie man aus der Form $x^2 = 2p(y-a)$ erkennt, eine Parabel darstellt.

Die obige Kurvengleichung ist aus der Vektorgleichung zwischen $\mathfrak{U}$ und $\mathfrak{J}_1$ abzuleiten.

Druck der Spamerschen Buchdruckerei in Leipzig.

MIX
Papier aus verantwortungsvollen Quellen
Paper from responsible sources
FSC® C105338

If you have any concerns about our products,
you can contact us on
ProductSafety@springernature.com

In case Publisher is established outside the EU,
the EU authorized representative is:
**Springer Nature Customer Service Center GmbH
Europaplatz 3, 69115 Heidelberg, Germany**

Printed by Libri Plureos GmbH
in Hamburg, Germany